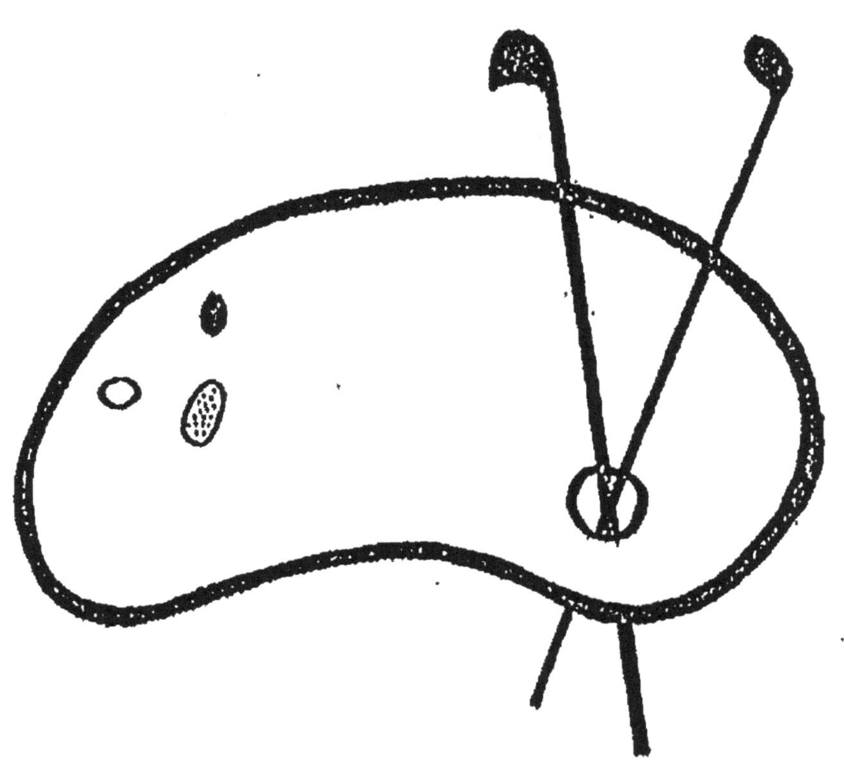

COUVERTURE SUPÉRIEURE ET INFÉRIEURE
EN COULEUR

COURS COMPLET D'ENSEIGNEMENT PRIMAIRE

conformément aux programmes du 27 juillet 1882

ÉLÉMENTS USUELS

DES

SCIENCES PHYSIQUES

ET NATURELLES

PAR

LE Dʳ SAFFRAY

COURS ÉLÉMENTAIRE

LEÇONS DE CHOSES

LIVRE DE L'ÉLÈVE

PARIS

LIBRAIRIE HACHETTE ET Cⁱᵉ

79, BOULEVARD SAINT-GERMAIN, 79

Du même auteur : **Cours moyen** et **Cours supérieur.**

COURS COMPLET

D'ENSEIGNEMENT PRIMAIRE

rédigé conformément aux programmes
du 27 juillet 1882

CORBEIL. Typ. et stér. CRÉTÉ.

ÉLÉMENTS USUELS

DES

SCIENCES PHYSIQUES

ET NATURELLES

PAR LE Dr SAFFRAY

COURS ÉLÉMENTAIRE

LEÇONS DE CHOSES

LIVRE DE L'ÉLÈVE

PARIS

LIBRAIRIE HACHETTE ET Cie

79, BOULEVARD SAINT-GERMAIN, 79

1882

Tous droits réservés.

AUX PETITS ÉCOLIERS

J'ai rencontré, il y a quelque temps, un petit garçon que je n'avais pas vu depuis six mois.

Six mois, quand on a huit ans, c'est bien long !

— Me reconnais-tu, Ernest ? lui dis-je.

— Oh ! oui, fit l'enfant, en venant m'embrasser. C'est vous qui m'avez donné un grand cheval de bois le jour où nous sommes allés à la fête. Nous y avons vu un homme qui avalait des sabres et une femme qui mangeait des cailloux. Nous avons rencontré Louis.....

Mon petit ami m'en débita ainsi pendant deux ou trois minutes. En me voyant, tous ces souvenirs lui revenaient à la mémoire et il y prenait plaisir.

S'il avait vu seulement mon portrait, au lieu de me rencontrer, cette *image* aurait suffi pour rappeler les idées du grand cheval de bois, de l'homme qui avalait des sabres, de la femme qui mangeait des cailloux, et de son camarade Louis.

Ainsi mon souvenir en amenait toute une suite.

Que l'on vous parle de cerises, je suis sûr que vous vous rappellerez immédiatement un endroit où vous en avez mangé. Vous reverrez, dans votre esprit, l'arbre, celui qui cueillait les bouquets rouges, et les petits amis qui se les disputaient avec vous.

Cela est tout naturel. Les souvenirs vont par troupes. Dès que l'un paraît, vous pouvez compter que les autres viendront. Ils arrivent d'autant mieux à leur rang et d'autant plus reconnaissables que vous avez été plus vivement impressionné.

Dans votre vie d'écolier, il y a des parties monotones et d'autres agréables par leur variété.

Votre maître vous fait des causeries qui vous plaisent autant et mieux qu'une récréation : c'est ce que l'on appelle les *Leçons de choses*.

Le maître vous explique ce qui fait la pluie et le beau temps, vous raconte l'*Histoire d'une goutte d'eau*, les *Récits d'un berger*, la fable de la *Grappe et de l'Épi*. Vous apprenez avec quoi et comment se font les assiettes, les bouteilles, les casseroles, les souliers. Puis viennent les détails sur les travaux des champs et les animaux de la ferme, avec des histoires de chiens, d'oiseaux et d'ânes qui vous font parfois bien rire.

. Le nom seul de ces leçons vous plaît : il excite votre curiosité. *La toilette d'une poupée. — A table ! — Le gâteau des Rois ! — Monsieur Polichinelle !* certes, tout cela doit être fort amusant. Aussi vous êtes tout yeux et tout oreilles pendant la *Leçon de choses.*

Car ces leçons-là ne ressemblent point aux autres, elles sont entremêlées d'anecdotes, d'expériences, vous faites connaissance avec une foule d'objets curieux, vous regardez de belles images. Aussi vous voudriez bien ne pas oublier tout ce que votre maître vous a dit, tout ce que vous avez vu d'intéressant.

Je vous en offre ici le moyen.

Ce petit livre est le résumé, l'abrégé de vos *Leçons de choses.* Votre maître a causé avec vous pendant une demi-heure : vous lirez la leçon en dix minutes.

Vous comprenez que ces résumés ne peuvent pas vous répéter la leçon, mais seulement vous rafraîchir la mémoire.

Pour cela, il suffit de quelques mots sur chaque point qui vous a particulièrement intéressés. Le reste suivra tout seul.

D'ailleurs, votre livre vous offre, en quelque

sorte, le portrait de chaque leçon sous forme de jolies images. En les regardant, vous vous rappellerez tout naturellement ce que vous aurez entendu. Il vous semblera assister encore à ces *Leçons de choses* que vous aimez tant, parce que votre maître sait les rendre aimables.

Votre ami.

C. S.

ÉLÉMENTS USUELS
DES SCIENCES PHYSIQUES
ET NATURELLES

LEÇONS DE CHOSES

I. — UN VOYAGE DE DÉCOUVERTE.

C'est demain jour de congé. Nous irons faire un voyage de découverte, c'est-à-dire un voyage pendant lequel nous verrons toutes sortes de choses nouvelles.

Après avoir traversé le village, au lieu de suivre la grande route, nous prendrons les petits chemins qui longent les champs de blé, les sentiers qui coupent les prairies. Nous passerons le pont et nous gravirons les coteaux qui se trouvent de l'autre côté. Enfin nous irons dans le bois cueillir des fraises ou des mûres sauvages et faire des bouquets.

Au bout du village, nous trouverons la **plaine**, c'est-à-dire une grande étendue de terrain dont la surface est à peu près **plane**, de sorte que l'on voit les maisons et les arbres jusqu'à l'**horizon** où le ciel semble toucher la terre.

La terre est une· énorme boule. Par conséquent les parties de sa surface qui semblent planes sont en réalité **bombées**. Voilà pourquoi, en

Le champ de blé.

La plaine et les montagnes.

traversant la plaine pour venir au village, on voit

d'abord le clocher, puis l'église, puis les maisons.

Arrivés au bout de la plaine, nous commencerons à descendre vers la rivière. Le terrain est en pente de chaque côté de l'eau. Ce terrain en pente douce, au fond duquel coule un ruisseau, une rivière, un fleuve, s'appelle **val, vallon** ou **vallée.**

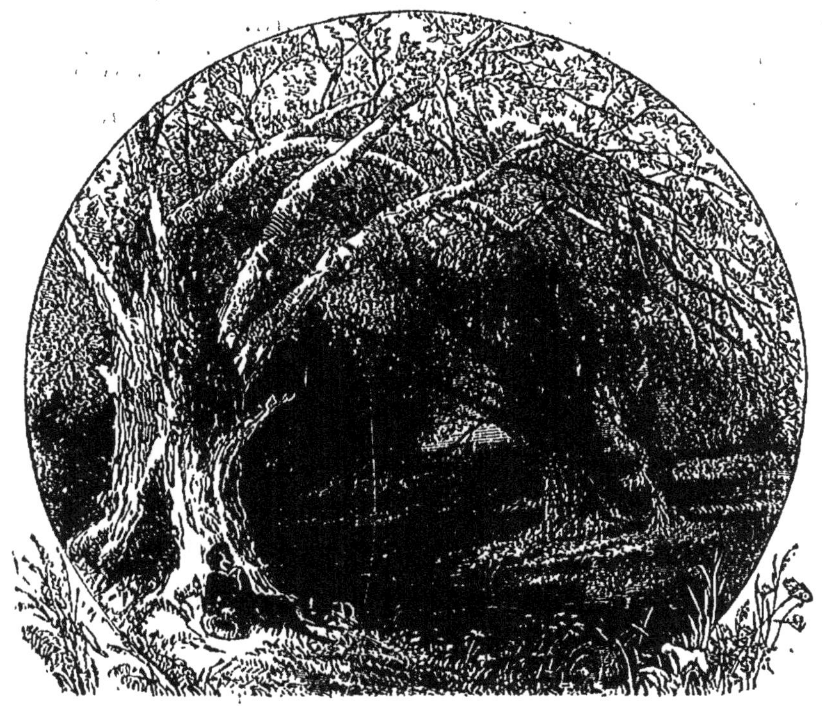

Ruisseau dans le bois.

Pour gagner le bois, nous monterons le long des pentes au pied desquelles coule la rivière.

Le bois se trouve sur une portion de terrain qui forme une éminence, une bosse, si vous voulez.

Ces bosses à la surface de la terre sont de grosseur très inégale. On nomme **collines** les plus petites ; **montagnes,** les plus grosses. Les

chaînes de montagnes sont composées de séries de grosses bosses, en partie confondues, de sorte que leur surface est comme disloquée.

Dans la vallée, nous traverserons des **herbages** dont les vaches et les bœufs tondent l'herbe à mesure qu'elle pousse, et des **prés** ou **prairies** dont on fauche l'herbe pour faire du foin.

En rentrant, vous serez bien étonnés d'avoir appris beaucoup de choses nouvelles, d'avoir fait beaucoup de découvertes.

II. — LE DOMAINE DES OISEAUX.

Partout autour de nous il y a de l'air. Nous ne le voyons ni ne le sentons. Cependant, pour le sentir, il suffit de l'agiter, par exemple en soufflant sur sa main ou en s'éventant le visage. Pour le voir, il suffit de regarder le ciel bleu.

L'air est extrêmement **léger**, mais, comme il y en a au-dessus de nous une **couche** très épaisse, cette couche pèse fortement sur chaque objet. En voici la preuve.

Démonstration du poids de l'air.

Laissez tomber au fond d'une carafe des fragments de papier enflammés et bouchez-la vivement au moyen d'un œuf cuit débarrassé de sa coquille.

Pour brûler, le papier consomme une partie de l'air contenu dans la carafe. Quand celle-ci est refroidie, ce qui reste d'air ne soutient plus l'œuf de bas en haut avec la même force que quand tout l'air s'y trouvait. L'air qui est au-dessus continue de pe-

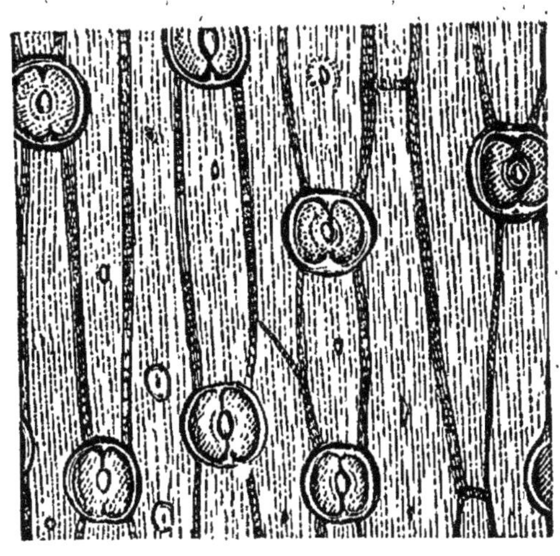

Petites bouches qui servent à la respiration d'une feuille. (Image grossie.)

ser sur l'œuf : il le pousse, et vous le voyez s'allonger, glisser, franchir le col et tomber au fond de la carafe.

Un oiseau placé dans une boîte fermée y mourrait bientôt, faute d'air.

Les plantes n'ont pas de **poumons**, cependant elles ont aussi besoin d'air pour vivre. Elles en consomment continuellement, comme les animaux. C'est par les feuilles qu'elles **respirent**. Quand on regarde une feuille d'arbre à travers une loupe qui grossit beaucoup les objets, on voit sa surface parsemée de **trous** réguliers qui s'ouvrent comme de petites **bouches**. C'est par ces bouches qu'elle absorbe l'air.

Vous comprenez maintenant que sans air il n'y a pas de **vie** possible. Il en faut aux animaux qui vivent sur la terre, aux poissons, aux plantes.

L'air est le domaine de l'**oiseau**. Avec ses ailes et sa queue étendues, il présente à l'air une grande surface, de sorte que, même quand il ne fait aucun mouvement, il ne tombe que lentement.

A chaque battement d'ailes, l'oiseau se trouve **soulevé** et **poussé** en avant. Voilà comment volent les oiseaux, les papillons et les mouches.

Pour nous élever dans l'air et faire concurrence aux oiseaux, nous ne pouvons employer que les **ballons** gonflés d'air chaud ou d'un gaz encore plus léger que l'air.

III. — UNE BELLE JOURNÉE.

Quand Louis veut savoir quel temps il fera le lendemain jeudi, il demande à son père de consulter le **baromètre**. Louis bat des mains quand on lui promet une belle journée.

Ce sont les changements qui surviennent dans l'air, comme le vent, l'humidité, qui font **monter**

ou **baisser** le mercure dans le tube et par conséquent font marcher l'aiguille sur le cadran.

Le baromètre indique à peu près quel temps il
fera le lendemain, mais il
ne faut pas s'y fier com-
plètement.

C'est le **soleil** qui fait
le beau temps. C'est lui
qui nous réchauffe, nous
éclaire ; qui dore les
champs de blé, fait épa-
nouir les fleurs et mûrir
les fruits.

Pour vous faire une
idée du soleil, imaginez
une énorme boule de
feu.

La terre est déjà une
bien grosse boule. Pour
en faire le tour, il vous
faudrait marcher très vite,
jour et nuit, pendant **dix
ans**. Eh bien, la terre est
toute petite, comparée au
soleil.

Sur cette table, plaçons
ici un grain de millet,
et à l'autre bout une

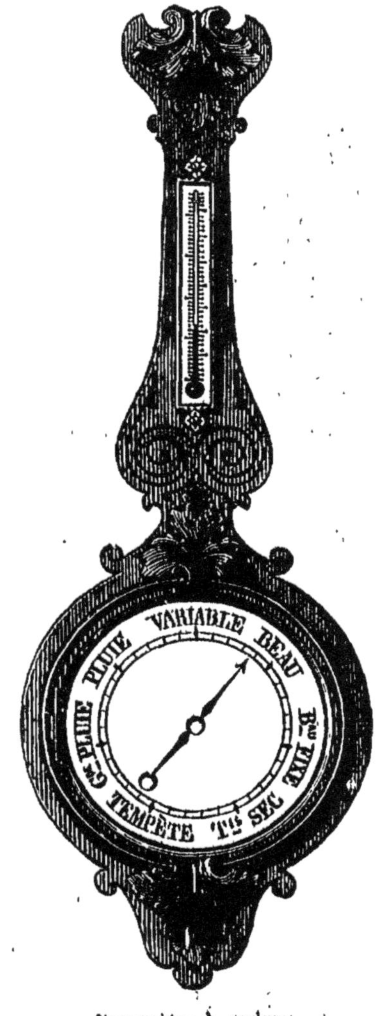

Baromètre à cadran.

énorme citrouille. La proportion entre le grain
de millet et la citrouille vous donnera à peine une

idée de la proportion entre la terre et le soleil.

Une belle journée.

La nouvelle lune.

Mais le soleil est si loin de nous qu'il paraît très

petit. S'il était plus près, sa lumière nous éblouirait, sa chaleur nous cuirait.

Les **étoiles** sont des soleils. Ils sont si loin dans

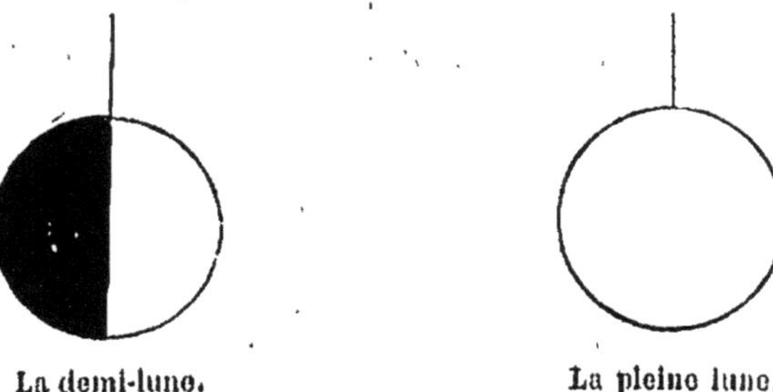

<table>
<tr><td>La demi-lune.</td><td>La pleine lune.</td></tr>
</table>

le ciel que nous les voyons comme de petites étincelles.

Quant à la **lune**, ce n'est pas un petit soleil, c'est plutôt une petite terre. Si nous la voyons dans le ciel, c'est parce qu'elle reflète la lumière du soleil.

IV. — HISTOIRE D'UNE GOUTTE D'EAU.

Versez dans une assiette un peu d'eau. Au bout de quelques jours, regardez ce qu'il en reste. Rien : l'assiette est sèche.

L'eau s'est **évaporée**, elle s'est **changée en vapeur**, que l'air a dissoute comme l'eau dissout du sucre.

Quand l'air humide se refroidit, il abandonne une partie de sa vapeur d'eau qui se condense sous forme de **rosée**, de **brouillard**, de **nuages**, de **pluie**, de **grêle** ou de **neige**.

La grêle est une pluie de gouttes d'eau gelées. La neige consiste en très. fines paillettes de glace qui se forment dans l'air et se réunissent en **flo- cons.**

Gouttes de rosée.

Vous êtes-vous jamais demandé ce que devient l'eau de la pluie ?

Une partie s'infiltre dans la terre où elle chemine lentement jusqu'à ce qu'elle puisse se faire jour, plus bas que le point où elle est tombée, pour former une **source.**

Une autre partie glisse à la surface du terrain, se réunit en petits filets, en **ruisseaux** qui, suivant toujours les pentes, s'ajoutent les uns aux autres jus- qu'à mériter le nom de **rivière**. On appelle **fleu- ves** les cours d'eau qui, au lieu d'aller se réunir à d'autres, se jettent dans la mer.

Quelquefois un ruisseau rencontre sur son passage un terrain creux qu'il remplit pour former un

La source.

étang. Si plusieurs ruisseaux ou une rivière rencontrent ainsi un grand espace profond, entre des

La mer.

collines ou des montagnes, cet espace se trouve rempli d'eau et prend le nom de lac.

Toute l'eau finit par se rendre à la mer. Cependant celle-ci ne change pas de niveau. En effet le

soleil chauffe l'air au-dessus de la mer et lui fait
absorber une grande quantité de vapeur. Cette vapeur nous revient par les grands **courants** de l'air.
Elle forme de nouveau des nuages, retombe en pluie,
en neige; se condense en brouillard, en gouttes de
rosée.

V. — CHEZ NOUS.

Dans les pays civilisés on emploie à la construc-

Huttes de sauvages américains.

tion des maisons des **pierres de taille** que l'on

peut scier ou tailler avec divers outils; des **moel-
lons**, plus petits et moins réguliers; des **briques**,
sortes de pierres artificielles faites avec de l'argile
ou **terre glaise** moulée, séchée et cuite.

Pour bâtir une maison, on élève quatre **gros
murs** qui forment les quatre côtés et des **murs
de refend** moins épais pour diviser l'intérieur en
chambres, corridors, etc.

Maison en pierres de taille.

Pour joindre les pierres des murs, les maçons pla-
cent entre chacune d'elles un peu de **mortier**, espèce de pâte faite avec de la **chaux** et du sable,
qui durcit comme de la pierre.

On sépare les étages par des **planchers** com-
posés de **solives** sur lesquelles on pose des plan-
ches clouées ou assemblées de manière à former un
parquet; au-dessous des solives on fait le pla-

fond au moyen de **lattes** couvertes de mortier ou de plâtre.

On pose enfin le **toit** appelé aussi la **toiture**, supporté par des pièces de **charpente**.

Un **escalier** muni de sa **rampe** fait communiquer les divers **étages**.

La bonne ménagère.

Quand tout ce travail est terminé, on place la **gouttière**, on pose les **portes** et les **fenêtres** dans les vides que les maçons ont laissés dans les murs.

Pour désigner votre maison, vous dites souvent : **chez nous**. Par ces mots, chez nous, on entend la maison, les meubles, les ustensiles, tout ce qui garnit et embellit la demeure; la famille, dont la vie se passe dans cette maison; les animaux familiers, les plantes soignées par vous, car vous pensez à tout cela quand vous dites : chez nous.

VI. — L'APPRENTI MENUISIER.

Jules veut apprendre un métier où l'on travaille le bois, il sera donc **charpentier, menuisier, ébéniste, sculpteur** ou **tourneur.**

L'état de menuisier offre l'avantage d'embrasser

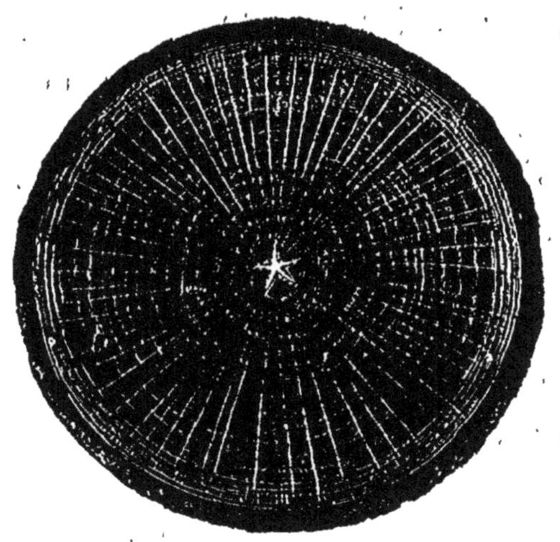

Coupe d'un jeune tronc d'arbre.

des travaux très variés, de sorte que, pour un bon ouvrier, il n'y a pas de chômage.

Les menuisiers en bâtiment exécutent spécialement les travaux que nécessite l'achèvement d'une maison telle que la livrent les maçons et les charpentiers : marches d'escalier, portes, croisées, volets, etc.

Le menuisier en meubles fait surtout des tables, des lits, des armoires.

L'apprenti menuisier doit d'abord apprendre à connaître les différentes espèces de bois.

Il y a des bois à **grain fin**, durs et faciles à **polir**, comme le buis.

D'autres ont les fibres assez grosses et des pores très visibles, comme le chêne : ce sont des bois à **gros grain.**

Le peuplier, le tilleul, l'aune, le saule fournissent des bois blancs ou légèrement teintés, tendres et de grain assez fin : on les appelle **bois blancs.**

Il y a des arbres, comme le pin et le sapin, dont la sève contient de la résine : pour cette raison on les nomme **bois résineux.** Le bois de sapin est blanc, léger, élastique, résistant, d'un grain régulier et facile à travailler.

Le chêne est notre bois le plus précieux. Aucun ne l'égale pour la charpenterie et pour le **bâtis** des meubles. On en fait aussi des **douves** de tonneaux.

L'orme donne un bois dur, fort, élastique, coriace, recherché pour les pièces de machines, les **jantes** de roues, etc. Avec le hêtre on fabrique des sabots, des mesures à grains, des boîtes, des ustensiles de ménage. Le frêne sert principalement dans la carrosserie.

Avec le buis, le plus dur et le plus fin de nos bois,

on fait des cuillers, des peignes, des manches d'outil, des jouets.

VII. — CE QU'IL Y A SUR LE DRESSOIR.

Vous connaissez les terrines, les marmites, les écuelles, les pots en terre vernissée. Ce sont des

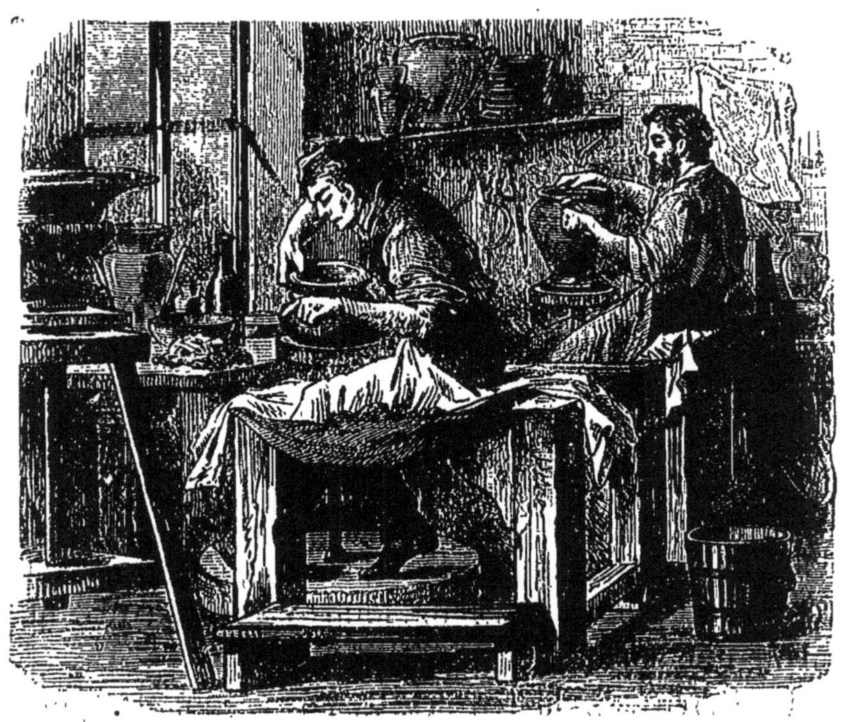

Potier travaillant au tour.

objets en poterie commune : l'ouvrier qui les fait s'appelle potier. Voici comment il travaille.

Il s'assied devant une petite table ronde qu'il fait

tourner au moyen d'une roue en bois sur laquelle il appuie les pieds. Sur cette petite table il place une **balle** de terre glaise, mouille ses doigts et façonne cette terre en faisant tourner rapidement la table. Il arrive très facilement à donner à l'objet une forme ronde régulière.

La pièce ainsi **tournée** est séchée lentement. Ensuite on la met dans un four que l'on chauffe. L'argile durcit, rougit, et l'on obtient un vase assez fort, mais **poreux**, qui laisserait suinter l'eau et

Four pour cuire la poterie.

s'imprégnerait de graisse. Pour le rendre imperméable, on le couvre d'une poudre composée de sable, d'argile et de **litharge** (composé de plomb), et on le remet au four. La chaleur fond la **couverte** qui forme une sorte de **vernis**.

La **faïence**, la **terre de pipe** sont des poteries fines, pour lesquelles on emploie des terres moins communes que l'argile ordinaire. La **porcelaine** est faite avec une sorte d'argile blanche nommée **kaolin**.

Pour décorer la faïence, la porcelaine, on les peint avec des couleurs qui fondent au four et forment une sorte d'**émail** ou de **verre**.

Le verre est une matière dure, mais fragile ; colorée ou incolore.

Le verre incolore, en feuille mince, est **transparent** : on voit au travers comme s'il n'existait pas.

Pour faire une bouteille, voici comment procède le verrier. Dans un **creuset**, sorte de pot en terre qui résiste au feu le plus ardent, il met un mélange pulvérisé de sable, de chaux, et d'argile auquel il ajoute de la potasse ou de la soude. Puis il place le creuset dans un four où la chaleur fond le mélange.

L'ouvrier prend alors un tube de fer, en plonge l'extrémité dans la pâte molle du creuset et le retire avec un peu de cette pâte qui s'y est attachée. Soufflant alors dans le tube, il gonfle la pâte comme une bulle de savon, mais en forme de poire, puis fait rentrer en dedans la partie qui forme le fond de la bouteille.

Il ne reste plus qu'à renforcer le bord au col. Pour cela il le détache du tube, le ramollit au feu et le façonne au moyen d'une pince.

VIII. — AU COIN DU FEU.

Le **feu** consiste en quelque chose qui brûle, c'est-à-dire qui se **consume**, disparaît en produisant de la chaleur.

Les matières qui peuvent ainsi brûler, se consumer, disparaître en produisant de la chaleur sont des **combustibles** ou des **matières combustibles**; par exemple le bois, le charbon de bois, la houille ou charbon de terre, le suif, l'huile, le pétrole.

Au coin du feu.

Il y a des combustibles comme l'huile, le suif, qui brûlent sans laisser de **cendres**. Le bois, la houille laissent un résidu de cendres, parce que ces combustibles renferment une petite quantité de matières terreuses qui ne brûlent pas.

Pour qu'une matière combustible brûle il lui faut de l'air. Le feu résulte de l'**union** du combustible avec l'air. C'est cette union très rapide qui produit le feu, la flamme.

Les meilleurs bois de chauffage pour les cheminées sont l'orme et le hêtre. On chauffe le four avec des bois blancs ou des fagots. On emploie le charbon dans les fourneaux.

Le **charbon** se prépare en brûlant à demi avec très peu d'air des tronçons de bois arrangés en gros tas ou meules.

La **braise** est un charbon léger que l'on retire du four avec la cendre avant d'y mettre le pain.

On brûle aussi dans les cheminées des **mottes** faites de **tan** pressé dans des moules; de la **tourbe** formée par des herbes entassées et décomposées dans des prairies humides nommées **tourbières**.

Travail du charbonnier.

La **houille** ou **charbon de terre** est une sorte de tourbe très ancienne qui est devenue dure, noire. Elle donne beaucoup de chaleur. On fait avec la houille une sorte de braise nommée **coke**.

IX. — VISITE A LA BASSE-COUR.

Il n'y a pas de ferme complète sans **basse-cour**. On appelle ainsi une cour où l'on élève les volailles, les lapins, les pigeons.

Si l'on ne pouvait élever dans sa basse-cour qu'une

sorte de volailles, on devrait choisir la **poule**. C'est elle qui coûte le moins et produit le plus. Les bonnes poules jeunes donnent environ cent cinquante œufs par an. Elles pondent surtout au printemps.

Si l'on n'enlève pas à la poule ses œufs, elle les

Coq, poule et poussins.

couve, c'est-à-dire qu'elle reste dessus dans le nid pour faire éclore les petits poulets que l'on appelle des **poussins**.

Quand la poule a couvé une vingtaine de jours, les poussins percent leur coquille.

Le **coq** est le mari de la poule. C'est un bel oiseau, grand, fort, et alerte. On le reconnaît à son plumage éclatant, à sa queue en panache et a sa grande crête rouge sur la tête.

Le **dindon** se donne de grands airs, allongeant une sorte de crête qui lui pend sur le bec, dépliant à demi les ailes et **faisant la roue** avec sa queue.

Dinde et dindonneaux.

Cependant il n'a pas beaucoup d'esprit. La **dinde** élève avec beaucoup de soin ses **dindonneaux** qui sont très délicats pendant leur jeunesse.

Le **canard** est un oiseau gros comme une poule, mais plus long. Il a un long bec très large, des pattes courtes **palmées**. On appelle ainsi des pattes dont les doigts sont réunis par une peau mince, de sorte qu'elles servent de **rames** ou de **nageoires** pour avancer sur l'eau. Le canard est un oiseau aquatique, c'est-à-dire qui aime l'eau et y cherche sa nourriture : petits poissons, insectes, jeunes grenouilles ; ce qui ne l'empêche pas de paître aussi les herbes tendres.

L'oie est une sorte de très grand canard, remarquable par son cou très allongé et son cri peu agréable.

X. — SERVITEUR ET AMI.

Le **chien** est l'ami des enfants. Il joue avec eux

Mâtin.

et se prête complaisamment à leurs fantaisies.

Le chien est **bon,** car il ne cherche pas à faire du mal et même, quand son maître le frappe, il ne le mord pas, il se couche et semble demander grâce.

Le chien est **fidèle;** il reconnaît partout son maître et ne le quitte pas, même pour mener une vie

Boule-dogues.

plus heureuse. Il est **obéissant,** et il cherche à deviner la volonté de ceux qu'il aime.

De plus, le chien est **brave.** Il n'attaque pas les chiens qui ne pourraient pas se défendre, et il ne craint ni le loup ni les voleurs.

Les mâtins fournissent les meilleurs **chiens de garde.** Ce sont de grands chiens, à poil un peu long, qui ont la tête allongée, les oreilles courtes et droites.

Les **boule-dogues**, dodus, bas sur pattes, à tête courte et grosse, montrent toujours le bout des dents, ce qui leur donne l'air méchant. Ce sont les chiens les plus dangereux pour les voleurs.

L'intelligence du chien est favorisée par une ex-

Chiens du mont Saint-Bernard.

cellente mémoire. Il retrouve son chemin avec une sûreté extraordinaire. Avec de la patience on peut lui apprendre à distinguer le sens d'un assez grand nombre de mots, de sorte qu'il obéit à la parole.

La famille des **Epagneuls** fournit les chiens de chasse les plus intelligents : chiens de berger, barbets, caniches, terre-neuves.

Le terre-neuve aime l'eau, nage très bien, et si

quelqu'un tombe dans l'eau, il se précipite à son secours.

Les moines du mont Saint-Bernard ont **dressé** de gros chiens à chercher les voyageurs égarés dans les montagnes couvertes de neige.

XI. — LES ANIMAUX DE LA FERME.

La **vache** constitue la première ressource des pauvres gens, la plus grande richesse des fermiers aisés ou riches. Elle a le corps osseux, c'est-à-dire que l'on distingue facilement la place, et un peu la forme

Elle aime les gens qui la soignent.

des os. Les jambes sont maigres et assez minces. Le pied se termine par deux **ongles** durs et épais, ce qui lui fait un **pied fourchu.**

Sous la gorge et sur le devant de la poitrine, la peau forme un large pli nommé **fanon.** La queue est longue et terminée par une touffe de poils.

La vache reconnaît les gens qui la soignent et les aime à sa manière.

En hiver, les vaches ne vont plus brouter l'herbe dans les prés. On les nourrit à l'étable avec du foin,

Martin a de l'esprit.

de la paille, du son, des pommes de terre, des navets, des carottes, des betteraves.

Tout ce qu'on leur donne en plus de ce qu'il

faut pour vivre, elles le rendent sous forme de **lait**.

Le petit de la vache s'appelle **veau**. En grandissant il devient **génisse**, c'est-à-dire jeune vache ; ou **bovillon**, c'est-à-dire jeune bœuf. Le mâle arrivé à toute sa croissance s'appelle **taureau**. S'il a été, depuis son jeune âge, élevé et préparé pour le travail ou pour l'engraissement, on l'appelle **bœuf**.

Après le bœuf, le **cheval** est le serviteur le plus utile de l'homme. Il sert, comme le bœuf, à tirer la charrue ou des chariots. Il est moins fort, mais plus agile.

Les **chevaux de trait** sont grands et forts. Ils tirent au moyen d'un **collier**. Comme **chevaux de selle** on choisit des chevaux légers et agiles.

Le cheval a beaucoup de mémoire et d'intelligence. C'est ce qui permet de le **dresser**, c'est-à-dire de lui faire comprendre sa volonté au moyen de la parole, du fouet, de l'éperon, de la bride.

L'**âne** est plus petit que le cheval. Sa tête nous semble trop grosse et ses oreilles trop longues.

La misère et les mauvais traitements le rendent laid, têtu et triste. On prend souvent sa résignation pour de la bêtise, mais bien loin d'être bête, **Martin** a de l'esprit tout autant que le cheval.

XII. — L'HORLOGE.

Le soleil se couche, c'est-à-dire disparaît chaque

soir du même côté du ciel. Ce point du ciel et de l'horizon où le soleil se couche s'appelle le **couchant,** ou bien **occident, ouest.**

En tournant le dos au couchant, on a devant soi le point du ciel où le soleil paraît le matin, se lève ; c'est le **levant** que l'on appelle aussi **orient, est.**

Si l'on se place de manière à avoir l'orient à droite,

Ils saluent de leur chant la lumière.

l'occident à gauche, le point de l'horizon qui se trouve juste en face s'appelle **sud** ou **midi** ; opposé au midi se trouve le **septentrion** ou **nord.**

Ces quatre points de l'horizon faciles à retrouver, à reconnaître, s'appellent **points cardinaux.**

Le **jour** commence au **lever du soleil** : les oiseaux le saluent par leurs chants.

Le jour finit lorsque le soleil se **couche.**

Depuis le coucher du soleil jusqu'à son lever il fait sombre, c'est la **nuit.**

On a divisé le jour en deux moitiés : et l'on appelle **midi** le moment qui sépare ces deux moitiés. De même on appelle **minuit** le moment qui sépare la nuit en deux moitiés.

Le temps qui s'écoule entre deux levers ou deux couchers du soleil, le premier jour de printemps ou d'automne, forme une journée. Au lieu de diviser seulement ce temps en quatre parties, dont deux pour le jour et deux pour la nuit, on a trouvé plus commode de le diviser en 24 parties, nommées **heures**.

Ainsi le jour est de 12 heures et la nuit de 12 heures.

Pour se rendre compte de l'heure

Le coucou.

qu'il est, c'est-à-dire du temps qui s'est écoulé depuis minuit ou depuis midi, on a fait des machines très ingénieuses ; ce sont : les horloges, les pendules, les coucous, les montres.

Sur leur **cadran** on voit les heures du jour et de la nuit représentées par des chiffres. Les **aiguilles**, en passant devant ces chiffres, indiquent l'heure.

Comme l'heure est assez longue on l'a divisée

encore en 60 parties que l'on appelle **minutes**.

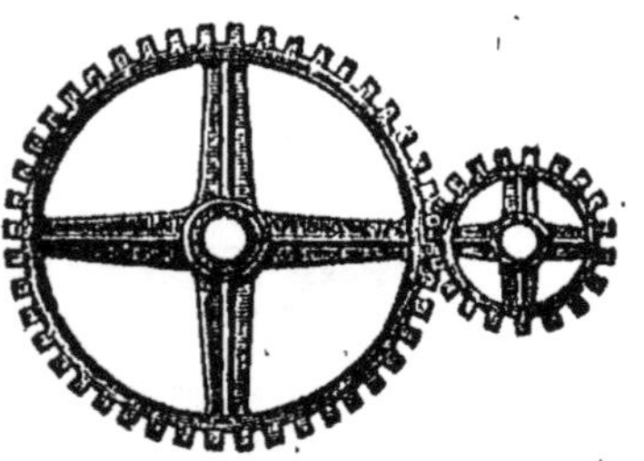

Les roues d'une horloge.

Au moyen d'une pomme et d'une lampe, on peut

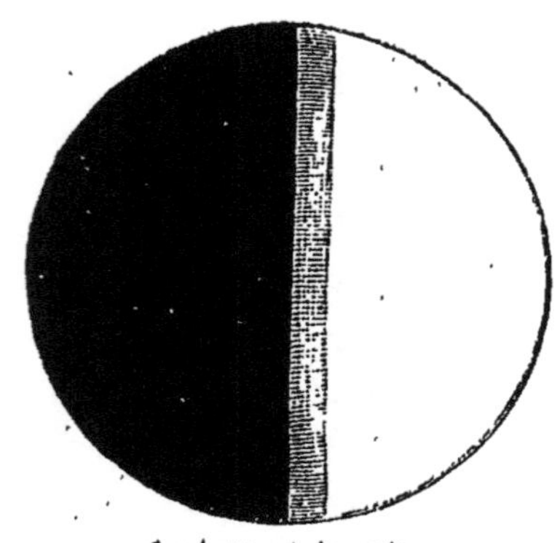

Le jour et la nuit.

montrer que le soleil ne tourne pas autour de la terre comme il en a l'air, mais que la terre tourne autour du soleil tout en pirouettant comme une toupie.

Chaque pirouette de la terre dure une journée de 24 heures et elle achève son grand tour autour du soleil en 365 jours qui font une année.

XIII. — CHEZ LE MARÉCHAL.

Si l'on chauffe très fort une barre de **fer** elle devient **rouge** et l'on peut la **forger**, c'est-à-dire lui faire prendre la forme que l'on veut, en la frappant avec un marteau sur une enclume.

L'ouvrier qui fait ce travail s'appelle un **forgeron**.

Le **maréchal** sait forger le fer. Il sait, en outre, le percer, le limer, faire des clous, des vis; réparer

Le maréchal ferrant.

les outils et ferrer les chevaux. Quand un maréchal s'occupe spécialement de ferrer les chevaux on l'appelle **maréchal ferrant**.

Le fer se retire d'une sorte de terre ou de pierre appelée **minerai de fer**, que l'on fait fondre dans un four ou fourneau haut comme une maison. Ce **haut fourneau** est une sorte de tour en briques renflée vers le milieu.

La **fonte** ou fer fondu qui sort du haut fourneau est impure. On la purifie en la faisant fondre de nouveau dans un four plus petit. Quand elle est bien liquide, on la laisse couler dans des moules creux en sable. C'est ainsi que l'on fabrique des marmites, des poêles, des grilles, des colonnes, des pièces de machines, etc.

La fonte ne peut pas se travailler au marteau. Un choc assez faible suffit pour la casser.

La fonte est un mélange de fer et de charbon.

Intérieur d'un haut fourneau.

Pour obtenir du fer pur, on fond un bloc de fonte dans un petit fourneau dans lequel un soufflet lance un fort courant d'air. Là elle perd son charbon qui se brûle, et il reste un bloc de fer boursouflé. On le porte sur une grosse **enclume** où il est battu par un lourd marteau mû par une machine.

L'acier est du **fer très pur** uni à un peu de charbon. Il en contient bien moins que la fonte.

L'acier chauffé au rouge, puis refroidi subitement dans l'eau, s'appelle **acier trempé**. Il est dur, élastique et cassant.

On fabrique en acier les limes, les ressorts, les lames de couteau, les plumes, les aiguilles.

XIV. — LEÇONS D'UN CHAUDRONNIER.

Le **cuivre** est un métal, comme le fer, le plomb, l'étain. le zinc Quand il est pur, il est d'un beau rouge.

On fait avec le cuivre des casseroles, des chaudrons, etc. Aussi l'on appelle **chaudronniers** les ouvriers qui travaillent le cuivre en plaques ou en feuilles.

Le cuivre s'obtient en faisant fondre dans un grand fourneau du **minerai de cuivre**. On appelle minerai des terres ou des pierres qui contiennent un métal; on retire les minerais de trous ou de cavernes que l'on creuse dans la terre et que l'on appelle des **mines**.

Si l'on fait fondre ensemble du cuivre et du zinc on obtient un **alliage** des deux métaux. Cet alliage est jaune, plus dur que le cuivre et se ternit moins à l'air. On l'appelle **laiton**.

Le **bronze** est un alliage de **cuivre** et d'**étain**. Il est dur, sonore, et prend exactement les formes des **moules** dans lesquels on le coule. On en fait des monnaies, des cloches, des cymbales, des statues.

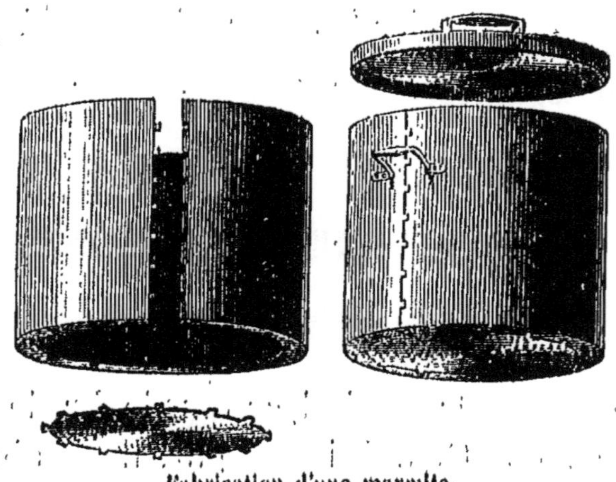

Fabrication d'une marmite.

Si l'on fait cuire dans un vase en cuivre des aliments salés ou acides, ils dissolvent un peu de métal. De même, si on laisse refroidir dans un vase en cuivre de la graisse, du beurre ; ces substances en décomposent, en absorbent une petite quantité. Le cuivre est un **poison** dont il faut se méfier. L'étain, au contraire, est inoffensif. Aussi l'on **étame** les casseroles pour empêcher le cuivre de se trouver en contact avec les aliments.

Le fer se **rouille** très facilement. Si l'on fabriquait en **tôle** mince des ustensiles de ménage, ils seraient bien vite hors d'usage. Pour préserver la tôle de la rouille, on l'étame en la plongeant dans

Le rétameur.

un bain d'étain fondu. Cette tôle étamée s'appelle **fer-blanc.**

Quelquefois on recouvre le fil de fer, les crochets, les manches d'outils en fer, d'une couche mince de zinc, métal assez semblable à l'étain, mais bien plus dur. Le fer ainsi **zingué** s'appelle ordinairement **fer galvanisé.**

XV. — LA TIRELIRE.

Les enfants mettent surtout dans leur **tirelire** des pièces de 5 et de 10 centimes. Mais quelquefois ils y glissent aussi des pièces blanches, de sorte que, quand ils l'ouvrent ou la cassent, ils peuvent changer tout le contenu pour une belle pièce d'or.

Il y a des pièces de monnaie en **bronze**, en **argent** et en **or**.

On compte par **francs** et par **centimes**. Le centime est la centième partie d'un franc.

L'argent est un métal que l'on retire de minerais comme le cuivre.

L'argent est blanc; il ne se ternit pas aussi vite que l'étain, le zinc et le plomb. On le travaille facilement en **feuilles** très minces et en **fils** plus fins qu'un cheveu.

Souvent, au lieu de fabriquer des objets en argent massif, on les fait en métal commun que l'on **argente**.

On fait en argent des pièces de 5 francs, 2 francs, 1 franc, 50 centimes et de 20 centimes.

Comme l'argent pur est mou et s'use vite, on y ajoute un peu de cuivre pour le rendre dur. L'alliage des pièces de 5 francs contient **un dixième de cuivre.**

L'**or** est un métal encore plus précieux que l'argent. Il se ternit moins à l'air; sa belle couleur jaune

Pièces d'argent.

est plus gaie. On l'emploie à faire des vases, des or-

Pièces de bronze.

nements, des bijoux. Comme il coûte quinze fois et demie plus que l'argent, on l'économise le plus possible. Aussi presque tous les objets qui ont l'air d'être en or sont simplement **dorés** au moyen de feuilles très minces, ou en les plongeant dans un liquide qui contient de l'or en dissolution.

Pièces d'or.

On trouve l'or uni à la pierre dans certaines **roches**, ou bien en petits grains aplatis, et en gros grains ou **pépites**, dans le gravier de certaines rivières. On le sépare en lavant le **gravier** dans un grand plat de bois. L'or, qui est très lourd, tombe toujours au fond.

Il y a des pièces d'or de 5, 10, 20, 50 et 100 francs.

Quand on est grand on ne met dans la tirelire que des pièces d'argent et d'or.

XVI. — LE ROUET DE LA GRAND'MÈRE.

Un jour le petit Louis demanda à sa grand'mère
d'où venait la **filasse** dont elle faisait de si beau **fil**.

Voici ce que lui répondit sa grand'mère:

On fait de la filasse avec l'**écorce** de deux plantes : le **lin** et le **chanvre**.

Pour séparer l'écorce du lin et du chanvre on fait **rouir** les plantes dans l'eau d'une mare ou d'un ruisseau. Le **rouissage** amollit et détache un peu l'écorce. On sèche alors les tiges, on les bat, on les broie pour émietter l'intérieur et il ne reste plus dans la main qu'une poignée d'écorce divisée en longs **filaments,** c'est-à-dire de la filasse brute.

Le lin.

On la fait alors passer entre les dents d'un peigne en fer. Toute la partie grossière reste entre les dents du peigne : c'est l'**étoupe**. La filasse peignée est fine, souple et lisse.

Le **coton** est un duvet blanc, un peu court, mais fin et très fort qui entoure les **graines** du **cotonnier**, plante des pays chauds. C'est une sorte de filasse toute prête, il suffit de séparer le duvet des graines et de les peigner au moyen de **cardes**.

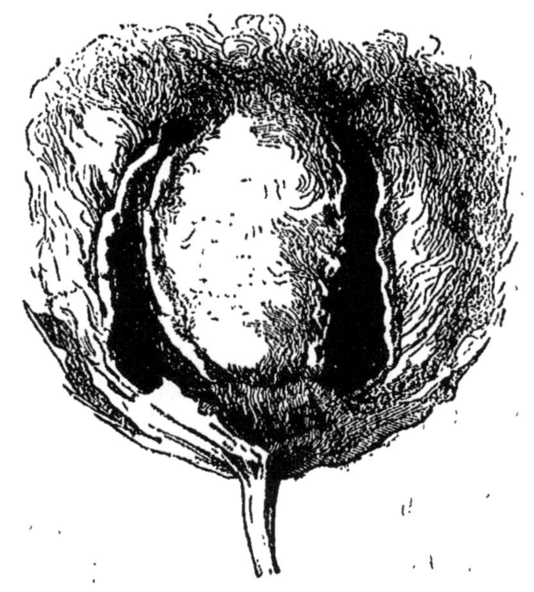

Capsule de cotonnier.

On filait autrefois la filasse de lin et de chanvre et le duvet du cotonnier au moyen de la **quenouille** et du **fuseau**. C'était un travail lent et ennuyeux. Un homme ingénieux inventa le **rouet**, avec lequel on fait sans fatigue beaucoup plus d'ouvrage.

Il y avait en Angleterre une jeune fille, excellente

fileuse, qui s'appelait Jenny. Son père la regardait quelquefois filer et regrettait de lui voir prendre tant de peine pour gagner à peine du pain. Il aurait voulu que son rouet filât tout seul.

Jenny et son père.

A force d'y penser, il inventa une **machine** qui prend la filasse ou le coton enroulés sur des bobines, en fait un fil, le tord et l'enroule bien plus vite et mieux que ne pourrait le faire la meilleure ouvrière.

L'anglais nomma **Jenny,** en l'honneur de sa fille, ce merveilleux rouet qui file tout seul.

XVII. — RÉCITS D'UN BERGER.

Voici ce qu'un berger disait un jour à un enfant.

Le **mouton** ressemble un peu à un gros chien de Terre-Neuve, seulement il a les jambes longues et fines ; ses pieds sont fendus et garnis de deux gros ongles. La tête du mouton est longue et pointue. Il y en a qui ont des cornes : ce sont les **béliers**. Ces cornes ne sont pas à peu près droites comme celles des taureaux et des vaches, mais tournées en tire-bouchon.

Tout le corps du mouton, excepté la moitié de la tête et le bas des jambes, est couvert de poils longs et frisés que l'on nomme **laine**.

La femelle du mouton s'appelle **brebis** ; le petit de la brebis est un **agneau**.

Le mouton nous fournit la laine de sa **toison** et une **chair** très nourrissante que le boucher vend sous forme d'épaules, de côtelettes et de gigots. Les brebis nous donnent aussi du **lait** dont on fait de bons fromages.

C'est le **berger** qui soigne les moutons au pâturage et dans la bergerie, qui veille à leur sûreté, et, avec l'aide d'un chien, les défend contre les loups.

Chaque année, au commencement de la belle saison, on **tond** les moutons. Avant la **tonte**, on les lave d'ordinaire pour débarrasser leur toison de la saleté produite par la sueur et la poussière.

Le berger.

Le fermier vend les toisons aux marchands de laine ou aux fabricants qui l'emploient pour faire des étoffes.

Le fabricant commence par laver à fond la laine dans une sorte de **lessive** chaude.

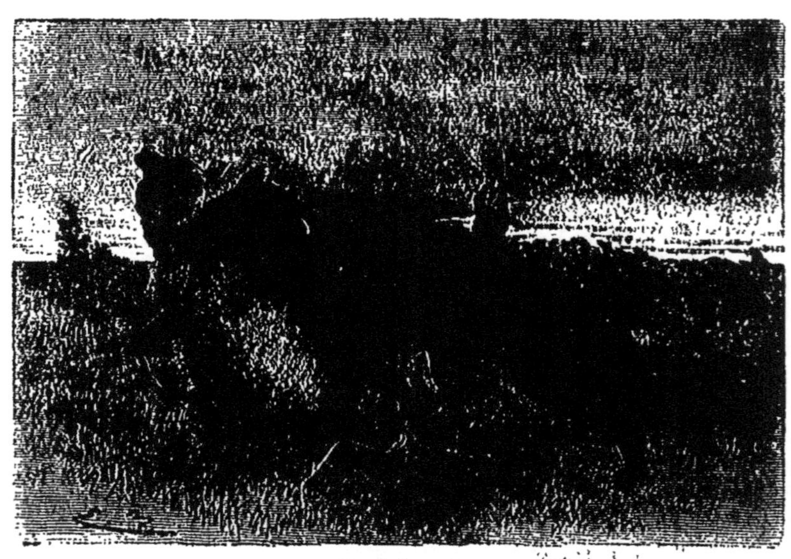

Un brigand.

La laine lavée et séchée est **cardée** ou pei-

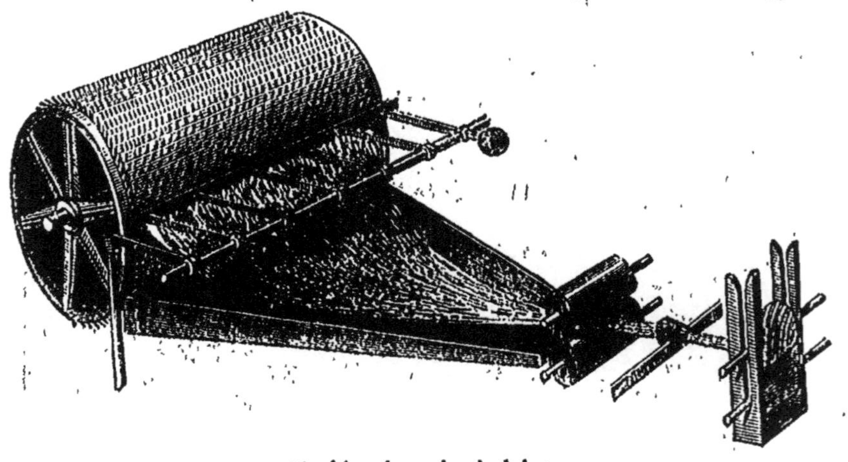

Machine à carder la laine.

gnée pour ranger les poils. Dans cet état elle est prête à filer.

Autrefois on filait la laine au fuseau, puis au

rouet ; mais aujourd'hui on la file, comme le lin, le chanvre, le coton, au moyen d'une machine.

XVIII. — CHENILLES ET PAPILLONS.

Les **chenilles** sortent d'un tout petit œuf pondu par un **papillon.** Pendant leur croissance elles changent de peau plusieurs fois. Quand elles ne grandissent plus, elles changent encore une fois de peau, et se montrent sous une forme bien différente ; ce sont alors des **chrysalides.**

Au bout de quelque temps il sort de la chrysalide un papillon qui prend sa volée.

Les chenilles des papillons de nuit se changent en chrysalides dans des **cocons** qu'elles font avec un fil fin qui sort de leur menton.

Il y a une de ces chenilles dont la soie est plus belle que celle de toutes les autres et dont le cocon peut se dévider comme un peloton de fil. On l'appelle **ver à soie.**

Dans le midi de la France, on nomme les vers à soie **magnans** et l'on appelle **magnanerie** l'établissement où on les élève en grand en les nourrissant avec des feuilles de **mûrier.**

Quand les vers à soie sont devenus grands et cessent de manger, on leur donne des branches de bruyère pour faire leur **cocon.**

Voici comment on s'y prend pour dévider les cocons et réunir les fils.

Le ver à soie.

Ver adulte. — Ver commençant à filer. — Cocon. — Chrysalide. — Papillons.

L'ouvrière plonge une poignée de cocons dans une

bassine d'eau très chaude et les agite au moyen d'un petit balai. Elle enlève d'abord la **bourre** composée de fils irréguliers, entremêlés.

Puis elle prend le bout du bon fil qui se déroule sans interruption et mesure jusqu'à 1,500 mètres. Elle en réunit dix ou davantage et les fait passer sur un dévidoir mû par une machine.

Ces fils sont couverts naturellement d'une matière gommeuse que l'eau chaude a ramollie. Dans leur route vers le dévidoir ils se collent ensemble, et une fois réunis, forment un **brin** de soie **grège** que l'on vend aux fabricants de **tissus** de soie.

XIX. — LA TOILETTE D'UNE POUPÉE.

On avait promis à la petite Lucy une magnifique poupée qui remuait les yeux, qui marchait et qui disait : papa et maman.

Pour mériter ce cadeau, elle devait apprendre à coudre, tailler et ajuster toute seule un **vêtement complet** à sa poupée. De plus, elle devait apprendre avec quoi et comment se font les principales **étoffes**.

La mère de Lucy lui donna des leçons. Pour les mieux retenir, la petite fille les répétait à sa poupée.

Voici à peu près ce qu'elle lui enseigna sur les étoffes qui composaient sa toilette.

On appelle **toile** des tissus ou étoffes faites avec

Lucy et sa poupée.

des fils de **lin** ou de **chanvre**. Les toiles de lin sont les plus fines et les plus belles.

C'est le **tisserand** qui fait les tissus; qui **tisse** les étoffes.

Il tisse au moyen d'un grand **métier** qui est une machine très simple. Les **fils de chaîne** se soulèvent par moitiés, il passe le **fil de trame** qui se déroule d'une petite **navette**, et serre bien avec une sorte de **peigne** dans lequel passent les fils de chaîne.

Le tisserand se fatigue beaucoup et fait peu d'ouvrage. Aussi on a inventé un métier qui tisse tout seul.

Le tisserand.

Avec le chanvre on fait les grosses toiles; avec le lin, les toiles fines, la **batiste**, la **dentelle**. Le madapolam, l'indienne, la cretonne, la percale, la mousseline sont des tissus de coton.

Avec la laine on fait la **flanelle**, le **drap**.

Avec la soie on fait de très belles étoffes, des **rubans**, du **satin**, du **velours**. Le velours se fait aussi en coton et en laine. Ce sont de petites houppes de fils coupées à la même hauteur qui forment sa surface **veloutée**.

XX. — L'ART DE FAIRE LA LESSIVE.

Pour faire la **lessive**, on commence par essanger le linge, c'est-à-dire on le lave, en le savonnant un peu, pour enlever certaines taches que l'eau chaude rendrait plus tenaces.

Ensuite on **coule** la lessive. Voici en quoi cela consiste.

On dispose le linge par couches dans une **cuve** munie d'un robinet à la partie inférieure. Au-dessus du linge, on place de la **cendre de bois** enveloppée dans une grosse toile. Sur cette cendre on verse de l'eau chaude.

L'eau chaude dissout une des substances contenues dans la cendre et qui s'appelle **potasse**. C'est cette potasse dissoute dans l'eau qui constitue la lessive. Elle lui donne une odeur et un goût que l'on reconnaît facilement.

La lessive, après avoir imbibé tout le linge, s'écoule par le robinet de la cuve dans une terrine. On la réchauffe pour la faire couler de nouveau, et l'on

Le repassage.

continue ainsi pendant au moins une demi-journée.

On chauffe de plus en plus la lessive jusqu'à ce qu'elle devienne bouillante.

Quand on coule la lessive, la **potasse** de la cendre forme, avec les **matières grasses**, du **savon** qui se dissout dans l'eau.

Pour fabriquer en grand le savon, il suffit de faire bouillir des matières grasses dans une lessive de potasse.

Le linge qui sort de la cuve à lessive est **savonné**, puis **rincé, passé au bleu, séché** et **repassé.**

Les devants de chemises, les cols, les poignets sont **empesés.** Pour cela on les trempe dans l'**empois** qui est une colle d'amidon très légère, puis on dessèche l'empois avec un fer bien chaud.

Les blanchisseuses emploient pour enlever les taches et pour rendre le linge très blanc l'**eau de javelle.** Cette eau contient du **chlore** qui ronge et détruit les tissus; aussi ne doit-on s'en servir qu'avec beaucoup de précaution.

La potasse **décolore** les étoffes teintes, ronge et endommage les tissus de laine et de soie : aussi on se contente de savonner dans de l'eau chaude les indiennes, les flanelles, les bas de laine, les rubans, etc.

Quand on voit dans une maison du linge bien blanc, on est sûr qu'elle est gouvernée par une bonne ménagère.

XXI. — UNE HEURE CHEZ LE CORDONNIER.

On appelle **cordonnier** l'ouvrier qui fait des **chaussures en cuir**, comme les souliers, les pantoufles, les brodequins, les bottines, les bottes. Les **savetiers** sont des cordonniers en vieux, c'est-à-dire qui font les **raccommodages.**

La peau d'un animal prend le nom de **cuir** quand elle est **tannée.** On tanne les peaux pour les rendre fortes, souples et incorruptibles.

On tanne les peaux avec de l'**écorce de chêne** en poudre que l'on appelle **tan.** Le tan contient beaucoup de **tannin.**

Les cuirs épais de bœuf, de cheval, servent à faire des **semelles.** Pour l'**empeigne** des chaussures on emploie des cuirs minces comme celui de veau. Mais comme le cuir tanné est raide et dur, on l'assouplit par le **corroyage.**

Le corroyeur roule, foule pendant longtemps le cuir; ensuite il l'imprègne d'un mélange d'huile et de suif.

Les peaux minces de mouton, dont on se sert pour doubler la chaussure, ne sont pas tannées mais **mégies**, au moyen d'**alun,** substance transparente, dure, qui produit sur la langue à peu près le même effet que le tannin.

Pour faire un **soulier** le cordonnier prend une sorte de pied en bois nommé **forme**, qu'il maintient sur son genou au moyen du **tire-pied**, courroie en cuir qui passe sous son pied. Il applique sur la forme une première semelle et la fixe avec trois ou

Travail des peaux au chevalet.

quatre clous. Ensuite il couvre le pied avec un mor-ceau de cuir nommé **empeigne**, le rabat avec les tenailles sur la première semelle et le maintient avec de petits clous. Il coud alors la première semelle avec l'empeigne, en ajoutant sur le bord une bande de cuir fort ; puis coud la seconde semelle sur la première. La couture se fait en passant du **ligneul** dans des trous faits avec l'alène. Quand cela est fait, on coud sur la semelle une rondelle de cuir pour commencer le **talon**, et sur cette rondelle on en cloue plusieurs autres.

Cordonnier ajustant l'empeigne.

Il ne reste plus qu'à donner au soulier une bonne apparence. Pour cela on coupe avec le **tranchet** les bords de la semelle et du talon, et enfin on **cire** tout le soulier, excepté le dessous de la semelle.

XXII. — NOTRE PAIN QUOTIDIEN.

Le **pain** se fait avec la **farine** du **blé** que l'on appelle aussi **froment.** C'est notre aliment de chaque jour. Aussi l'on dit : travailler pour gagner son pain quotidien, c'est-à-dire son pain de chaque jour.

Les cultivateurs envoient **moudre** leur blé au **moulin.** Il y a des **moulins à vent, à eau, à vapeur,** c'est-à-dire dont le mécanisme est mis en mouvement par le vent, un courant d'eau ou une machine à vapeur.

Le labour.

Le blé écrasé entre les **meules** du moulin donne une poussière que l'on tamise dans le **blutoir.** Le blutage sépare le **son** de la **farine** qui sert au boulanger pour faire le pain.

Le **boulanger** met la farine dans un grand coffre nommé **huche**, **maie** ou **pétrin**, verse de l'eau dessus et pétrit la pâte.

A cette pâte il ajoute du **levain**, destiné à la faire **lever**, c'est-à-dire à la faire gonfler.

Intérieur d'un moulin.

Le levain est de la vieille pâte aigrie et un peu moisie, dans laquelle s'est développé un **ferment**. Ce ferment décompose un peu la pâte fraîche et y produit de petites bulles de **gaz** qui gonflent la pâte et la criblent de trous.

Quand la pâte est **levée** à moitié, le boulanger la partage en morceaux plus ou moins gros selon le genre de pains qu'il veut faire, dépose ces **pâtons** dans des paniers, près du four, et les laisse lever davantage.

Pendant ce temps il achève de chauffer le **four**, sorte de chambre basse en maçonnerie disposée comme un grand poêle. Il y brûle des fagots et du bois très sec.

Les pâtons étant à point, le boulanger les **enfourne** au moyen d'une pelle en bois à long manche. Avec la même pelle il retire, quand ils sont cuits, de beaux pains dorés.

XXIII. — UNE LAITERIE MODÈLE.

Il faut qu'une **fermière** sache beaucoup de choses pour approvisionner sa maison en bon lait, bonne crème, bon beurre et bon fromage; pour avoir ce que l'on appelle une laiterie modèle, bien située, bien construite et d'une propreté irréprochable.

Quand on laisse reposer du lait pendant une journée la **crème** monte à la surface, où elle forme une couche épaisse, un peu jaune et d'un goût délicat.

Si l'on verse dans du lait un acide, comme par exemple du vinaigre, il **tourne**, c'est-à-dire devient trouble et laisse voir une grande quantité de petits **grumeaux** blancs qui surnagent peu à peu.

Au-dessous des grumeaux il reste une eau un peu sucrée, c'est le **petit-lait**.

Vache laitière à l'étable.

Le lait abandonné à lui-même pendant deux ou trois jours se **prend** en une masse solide, c'est alors du **lait caillé**. On peut faire cailler le lait très rapidement en y mettant un peu de **présure**.

Avec la crème on fait du **beurre**.

Pour cela on bat la crème dans une **baratte**, vase en bois étroit et long.

Après que l'on a enlevé le beurre, il reste dans la baratte du lait grumeleux un peu aigre, que l'on appelle **lait de beurre**, ou **bas-beurre**.

Barattage du lait.

Pour faire des **fromages**, on fait cailler du lait avec de la présure et on le met à égoutter dans un moule dont le fond est percé de trous. On obtient ainsi le **fromage blanc** ou **fromage à la pie.** Pour le conserver, on le saupoudre de sel fin et on le place sur un lit de paille.

Fabrique de fromages.

Tous les deux ou trois jours on le retourne et l'on change la paille.

Ces fromages sont mis à sécher si l'on veut faire des fromages secs. Pour faire des fromages **passés,** mous, coulants, on les met dans une cave humide.

XXIV. — LE MONDE DES PLANTES.

Semez des haricots dans de la mousse humide,

Germination d'une graine de haricot.

au bout de quelques jours vous les verrez **germer** et vous pourrez suivre les progrès de la **germination**.

Par germination on entend le développement du **germe**, petite plante en miniature qui se trouve logée entre les deux moitiés de la graine.

On voit sortir peu à peu une petite **racine,** puis deux petites **feuilles.** La **tige** grandit bientôt, tandis que la racine s'allonge, et que les feuilles se développent.

Pendant tout ce temps la plante s'est nourrie aux dépens de la substance du haricot. Ces provisions étant épuisées, elle

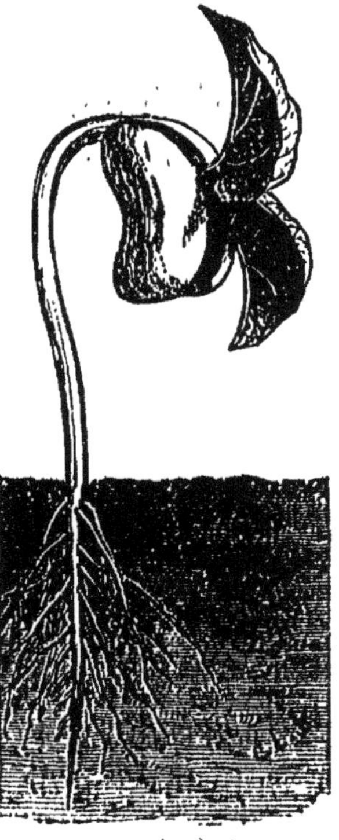

Jeune haricot.

mourrait bientôt si vous ne la plantiez pas dans la terre.

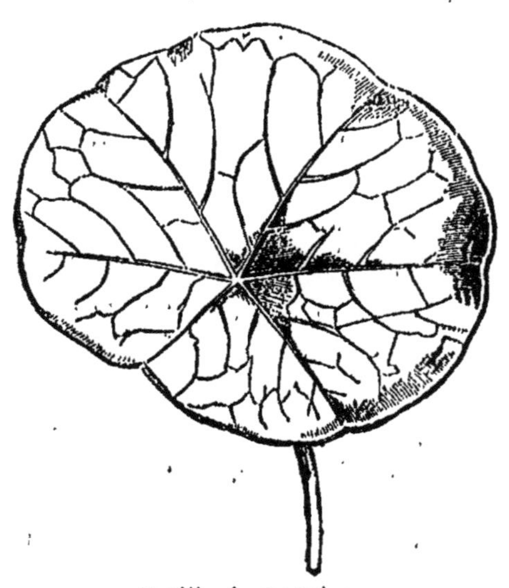

Feuille de capucine.

Puisque les plantes vivent et grandissent, il leur faut de la **nourriture**. Elles ne mangent pas comme les animaux, mais elles respirent et boivent. C'est dans l'air et dans leur boisson qu'elles trouvent leur nourriture.

La plante respire par ses feuilles un des gaz de l'air qui contient du **charbon**. Elle digère ce gaz et en fabrique de l'**amidon**, puis des **fibres.**

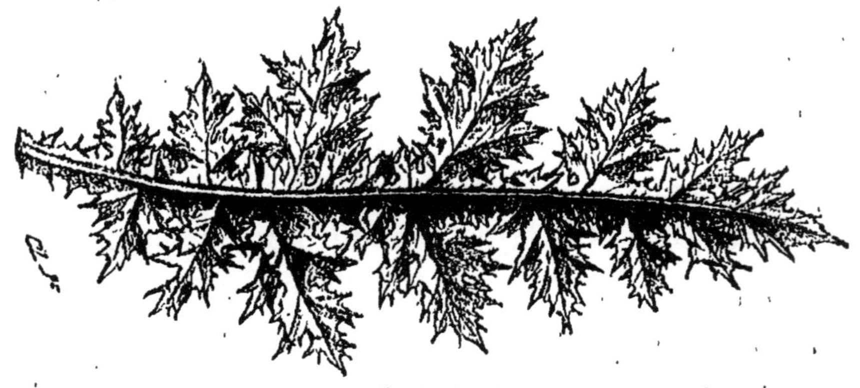

Feuille de chardon.

Les racines pompent dans la terre de l'eau qui monte le long de très petits conduits, imbibant toute la plante, y compris les feuilles. Cette eau c'est la sève. Ce n'est pas de l'eau pure: elle a dissous dans la terre diverses matières que la plante utilise pour sa nourriture.

La sève prend dans les feuilles l'amidon qu'elles ont fabriqué et, redescendant par d'autres conduits, le transforme pour en fabriquer des fibres. Il y a des fibres dans les feuilles, les rameaux, les tiges. Les fibres réunies, serrées, forment le bois.

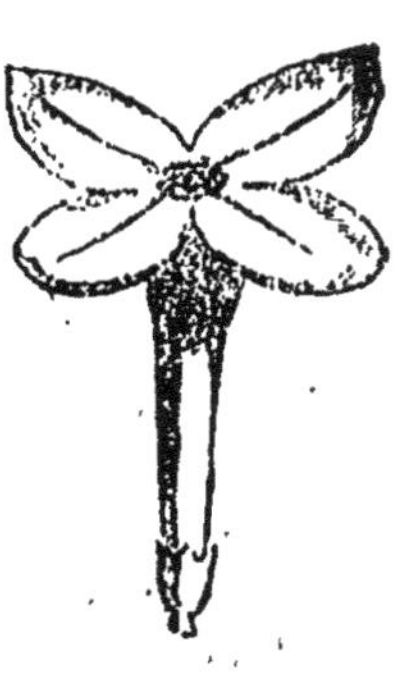

Fleur du lilas.

Avec les matériaux puisés dans l'air et dans la sève la plante organise des **feuilles,** des **fleurs,** des **fruits,** des **graines.**

A la fleur succède un fruit. Dans chaque fruit se trouve au moins une graine qui con-

Fleur de la campanule.

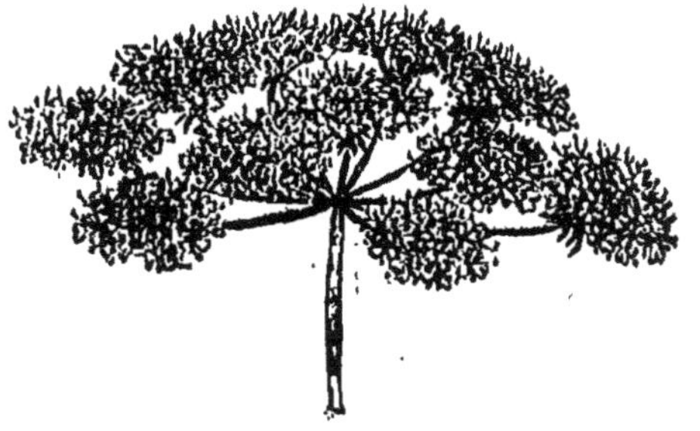

Fleurs du cerfeuil.

tient un germe ou **embryon.** Il se développe, grandit et prend sa place au soleil.

Il y a plusieurs sortes d'enclos nommés jardins.

Fruits du jardin.

Dans les **jardins fleuristes** on ne cultive que les fleurs ; dans les **jardins potagers**, on cultive les légumes. Le **jardin fruitier** est réservé aux arbres fruitiers **taillés** avec symétrie ou disposés en **espalier** le long des murs ; tandis que dans le **verger** on laisse croître les arbres fruitiers en **plein vent**, c'est-à-dire sans les assujettir à une taille rigoureuse.

La cueillette des pois.

Quand on ne dispose que d'un petit coin de terre, on y cultive de tout : arbres fruitiers, fleurs et légumes. Dans ce cas on réserve souvent aux fleurs une portion du jardin que l'on appelle **parterre**.

Le chou cabus.

Le plus souvent, après avoir divisé le jardin en **carrés** séparés par de larges **allées**, et en **plates-bandes** séparées par des allées étroites, on se contente de placer des fleurs en **bordure** des carrés et des plates-bandes.

On voit dans un potager bien des sortes de légumes : choux, navets, carottes, poireaux, oignons, pois, haricots, pommes de terre, laitue, chicorée, melons, etc.

Le **pois** est une plante grimpante qui s'enroule autour de **rames** plantées en terre. Aux fleurs succède une **gousse** allongée qui contient les grai-

Le melon.

nes. On appelle **petits pois** les graines encore vertes et tendres contenues dans la gousse du pois.

Toutes les **variétés** de choux descendent du petit chou sauvage qui croît naturellement, dans notre pays, au bord de la mer.

La **carotte** et le **navet** de nos jardins proviennent aussi des carottes et des navets sauvages dont la racine est courte, mince et âcre. C'est la culture qui les a améliorés, grossis, adoucis et transformés, pour les rendre tels que nous les connaissons.

D'autres légumes nous ont été apportés de pays lointains où on les avait également améliorés, transformés par une longue culture.

Le **melon** nous est venu d'Afrique; le **haricot**, de l'Inde; la **pomme de terre**, d'Amérique.

XXVI. — LES NIDS.

Au printemps les oiseaux se réunissent par couples pour construire leurs **nids**.

Le père va chercher les matériaux; la mère les arrange avec ses pattes, son bec, et en se roulant dessus pour les fouler et leur donner une forme creuse, arrondie.

Il faut beaucoup de temps, de soins, de fatigues pour faire un nid. C'est la **maison** des oiseaux, leur propriété, leur bien.

Un nid.

Aussi, quand un enfant le leur prend, ils crient,

ils se lamentent, ils se plaignent, ils supplient, ils me-

La petite famille.

nacent même, malgré leur faiblesse ; dans leur langage ils disent : « **Méchant! Voleur!** »

Quand le nid est terminé, la femelle y pond des œufs, puis elle les **couve,** c'est-à-dire elle les abrite, les réchauffe, pour que les petits puissent s'y développer.

Pendant que la couveuse demeure sur ses œufs, le mâle chasse des insectes, cueille des graines et les lui apporte ; puis, pour la désennuyer, il lui chante ses plus beaux refrains.

Un voleur.

Au bout de douze à seize jours les petits **éclosent.** Ils sont bien faibles, à peine couverts d'un peu de duvet. La mère les

Jeanne la charmeuse d'oiseaux.

garde sous ses ailes et leur donne une petite part

des provisions que le père apporte presque à chaque minute.

Dès que les **oisillons** ont quelques plumes, la mère va aussi chercher pour eux des **vermisseaux**, des **larves** d'insectes.

Les petits, affamés et criards, ne laissent pas à leurs parents une minute de repos. Mais aussi ils profitent ! ils deviennent gras et dodus, apprennent à lisser leurs plumes, se penchent au bord du nid, se dressent sur leurs pattes et agitent leurs ailes.

Le plus fort s'émancipe, saute du nid sur une branche, et pour récompenser ce haut fait reçoit la plus grosse **becquée**. Les autres le suivent bientôt. Le lendemain toute la bande prend sa première leçon de **vol**. Bientôt elle se disperse dans la campagne pour l'égayer par ses chants et pour **protéger** contre les **insectes** nos champs, nos vergers, nos jardins.

XXVII. — NOS AMIS LES OISEAUX.

La première fois que vous irez vous promener dans un jardin, je vous engage à vous asseoir tranquillement pendant un quart d'heure, au pied d'un arbre ; là vous vous amuserez à regarder ce que font les oiseaux qui vont et viennent, voletant, sautillant, furetant, becquetant, avec de petits cris joyeux.

Les uns grimpent dans les arbustes, se suspendent par les pattes, courent, la tête en bas, à la poursuite de **moucherons.** D'autres passent en revue les espaliers qui garnissent les murs, cherchent des **araignées** et des **insectes ailés,** entre les pierres, dans les joints des lattes, au croisement des branches.

Fauvette.

Le long des allées, il y en a qui suivent les bordures, fouillant avec ardeur pour découvrir des **cloportes** abrités entre les tiges touffues. Dans les carrés s'abattent d'autres chercheurs qui retournent les feuilles tombées, inspectent les plantations de carottes, de choux ou de laitues, et se régalent de li-

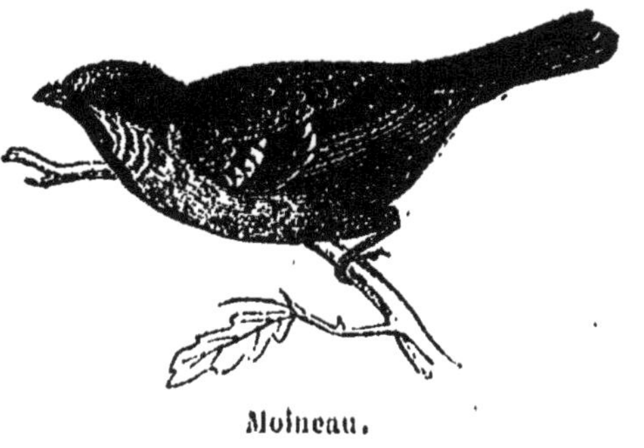

Moineau.

maces, de **vers** et de jeunes **colimaçons.**

Dans les grands arbres, il y en a qui mangent de grosses **chenilles** et qui exterminent les **hanne-tons.**

D'ailleurs il ne suffit pas qu'ils se nourrissent. Ils ont une famille à élever, et ce n'est pas peu de chose

que de chercher la becquée pour une demi-douzaine
de petits affamés.

Aussi vous les voyez tous, **mésanges, fau-
vettes, rouges-gorges, merles, moi-
neaux,** faire la police du jardin et détruire toute
la petite vermine.

Les petits éplucheurs.

Ce sont des serviteurs qui se font payer un peu
leurs services. Mais pour chaque grain de blé qu'ils
picorent, ils détruisent vingt insectes : chacun de ces
insectes aurait détruit la valeur de cent grains de
blé. Quand ils sauvent des **gerbes,** nous ne devons
pas leur marchander un **épi ;** permettons-leur de
goûter aux fruits, puisque sans eux nous n'en man-
gerions jamais.

XXVIII. — NOS PETITS ENNEMIS.

Les **insectes** qui rampent, courent, volent autour des semis, des cultures, des arbres, vivent à leurs dépens. Chacun consomme bien peu, mais ils sont si nombreux qu'ils commettent de grands dégâts. Ce sont pour nous des ennemis ; ils nous feraient mourir de faim si les oiseaux, en leur donnant la **chasse**, ne venaient nous sauver la vie.

Une chenille à table.

Les **chenilles** rongent les légumes, les fleurs, les feuilles des arbres.

Le **hanneton** est une bonne petite bête. Il se laisse prendre dans la main, attacher un fil à la patte ; il traîne un chariot de papier, ou bien, quand on lui dit : hanneton, vole ! il gonfle et dégonfle son ventre, entr'ouvre ses ailes et s'élance en bourdonnant.

Mais le hanneton dévore les feuilles des arbres, ce qui cause de grands dommages. Il fait encore bien plus de mal pendant qu'il vit dans la terre sous forme

Larve et nymphe de hanneton.

Hanneton, vole !

de **larve** que l'on appelle **ver-blanc, man** ou **turc.**

On trouve dans les tas de blé, de seigle, d'avoine,

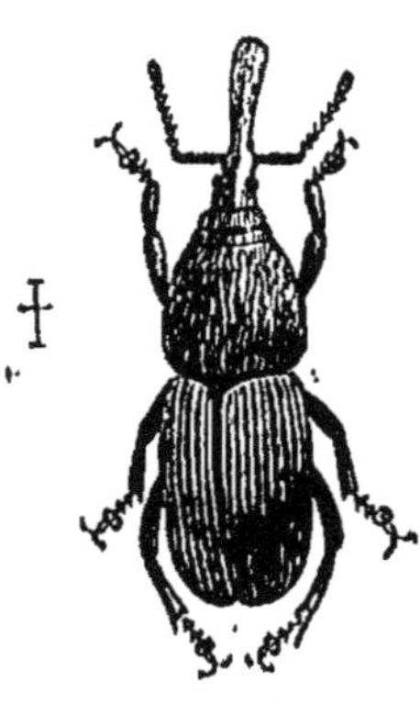

Calandre du blé (charançon). — La petite croix indique sa grandeur naturelle.

un tout petit insecte nommé **charançon** ou **calandre.** Avec son nez allongé comme une trompe il perce un grain de blé et pond un œuf. De cet œuf sort un petit ver qui mange toute la farine, devient chrysalide et sort à l'état de charançon.

Un seul couple de charançons avec toute sa famille mange, dans l'année, **un litre** de blé. Il y a des greniers où les charançons se trouvent par milliers de familles.

Les pucerons gros comme une tête d'épingle

se fixent sur les plantes, où ils enfoncent une petite trompe très fine. Ils se multiplient si rapidement qu'un couple a bientôt couvert toutes les feuilles tendres et les bourgeons. Goutte à goutte ils pompent

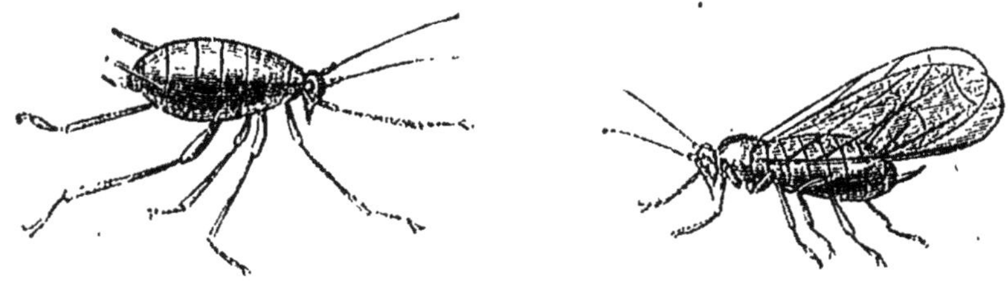

Pucerons grossis.

toute la **sève**; la plante languit, jaunit, se dessèche et meurt épuisée par cette légion de petits ennemis.

Mais si un **oiseau** vient à son secours, il happe une à une les petites bêtes succulentes, se régale en accomplissant une bonne œuvre; sauve la plante en faisant un bon déjeuner.

XXIX. — LES BÊTES CALOMNIÉES.

Il y a des oiseaux qui ne sortent de leurs retraites que pendant le crépuscule ou quand il fait clair de lune. On les appelle pour cela des **oiseaux de nuit.**

Le **chat-huant** est un de ces oiseaux. Il fait une chasse impitoyable aux **campagnols, rats, souris, mulots,** qui pillent les champs, les greniers et détruit, en outre, une grande quantité de gros insectes.

On reproche au chat-huant et aux autres oiseaux

Le chat-huant.

dela même famille, aux hibous en général, de manger parfois des lapereaux, des cailles ; on prétend aussi qu'il porte malheur, et on le tue sans pitié. C'est une bête calomniée. Il ne porte pas malheur ; c'est un excellent gendarme qui tue les voleurs de nos récoltes.

Dans nos campagnes on a ainsi toutes sortes de préjugés contre certains animaux : **couleuvres, crapauds, lézards, araignées, hérissons, chauves-souris, corbeaux.**

On dit que la morsure du lézard est venimeuse ; que la couleuvre pique avec sa langue ; que le crapaud est venimeux ; que l'araignée est venimeuse aussi et qu'elle peut porter malheur ; que la chauve-souris porte malheur et cause toutes sortes de méfaits ; que le corbeau, oiseau de mauvais présage, n'est bon qu'à tuer.

Toutes ces erreurs viennent de ce qu'on n'a pas pris la peine de bien étudier ces pauvres bêtes.

Ainsi le crapaud et la chauve-souris rendent de

Le crapaud.

grands services en chassant les insectes.

Chauve-souris.

Parmi les insectes il y en a quelques-uns qui sont

nos amis comme les oiseaux, car ils détruisent aussi d'autres insectes malfaisants.

Le carabe doré.

De ce nombre est la **jardinière** ou **carabe doré.**

C'est un grand chasseur qui détruit insectes, vers de terre, escargots, limaces, hannetons ; tout est bon pour son vorace appétit.

Puisque ce joli insecte nous rend les mêmes services que les oiseaux, nous devons le traiter en ami, pour qu'il ne nous reproche pas de l'avoir mis au nombre des bêtes calomniées.

XXX. — LA SCIENCE DU POT-AU-FEU.

Un jeudi, il y avait chez M. Latour grande réunion de petites filles et de petits garçons. Si vous voulez, leur dit-il, nous allons faire un pot-au-feu ·succulent; vous dînerez ici, je vous dirai le secret de la marmite qui bout.

Il leur expliqua comment on doit préparer le pot-au-feu. Il leur raconta l'histoire de tout ce que l'on y met.

Voici ce qu'il leur dit à propos du sel.

On trouve quelquefois dans la terre de grands dépôts de sel qui se sont formés en même temps que

Quel régal !

les pierres. On extrait ce sel en blocs, ou bien on lave la terre salée, l'eau dissout le sel, et pour le retrouver il suffit de vaporiser l'eau.

L'eau de la mer est très salée. Si l'on fait évaporer un litre de cette eau, on en retire environ 25 grammes de sel. Voilà donc une manière simple et économique de s'en procurer.

M. Latour reprit ensuite l'explication du pot-au-feu. Vous avez vu, dit-il, que j'ai eu soin de mettre la viande dans la marmite avec l'eau froide. Au bout de quelque temps, l'eau bouillant bien, j'ai enlevé l'**écume** qui surnageait.

En disant cela, M. Duval souleva le couvercle de la marmite. Une **vapeur** épaisse en sortit et répandit un **parfum** des plus appétissants. Voilà, dit il, le meilleur pot-au-feu que j'aie senti de ma vie. Quel régal ! Et le brave homme exprimait sa satisfaction par un large sourire et un geste expressif qui amusa beaucoup tous les petits espiègles.

L'eau qui chante. L'eau qui bout.

Lorsque l'eau **chante**, elle n'est pas encore aussi chaude que quand elle **bout**; mais à partir du moment où l'eau bout, vous avez beau souffler le feu, elle ne devient pas plus chaude, vous perdez votre feu et votre peine, car vous n'arriverez qu'à vaporiser rapidement l'eau : la chaleur supplémentaire du feu se dépense à changer l'eau en vapeur. Voilà pourquoi il ne faut pas faire **bouillonner** le pot-au-feu. Il suffit qu'il **mijote** tout doucement.

La soupe du soldat.

Quand vous serez au **régiment**, il faudra que vous sachiez faire la soupe du soldat, qui ne vaut pas toujours notre pot-au-feu.

XXXI. — LE GATEAU DES ROIS.

Pour le petit Ernest, aucune pâtisserie ne vaut la **galette des Rois**. D'ailleurs, disait-il un jour, je sais comment on la fait. Cette année, maman a montré à ma grande sœur Louise com-

La première leçon.

ment on s'y prend, et j'ai assisté à la leçon.

On arrange de la **farine** sur une table, on y fait un **trou** dans lequel on met du sel, des jaunes d'œuf, un peu de beurre, du sucre et de l'eau. On **pétrit** bien tout cela ensemble pour faire une **pâte**. Ensuite, on étend, on amincit la pâte avec un **rouleau** en bois; on met du beurre dessus, on l'étend encore, et l'on recommence je ne sais combien de fois. Il

Abeille.

Une ruche.

n'y a plus qu'à donner à la galette la **forme** que l'on veut et à la **cuire** dans le four du poêle ou dans un four de campagne en tôle.

Le miel est une sorte de sucre préparé par les abeilles.

Le raisin, les pêches, les fraises, le melon, la carotte contiennent beaucoup de sucre.

La betterave.

La canne à sucre.

Dans les pays chauds, on l'extrait d'un roseau nommé canne à sucre, c'est-à-dire **roseau à sucre**. Chez nous on l'extrait d'une espèce de **betterave**.

La canne à sucre est broyée et pressée entre des cylindres, et l'on recueille la **sève** qui en sort. La racine de betterave est râpée, de manière à former une **pulpe** dont on fait couler le jus en la pressant dans des sacs en toile.

On **filtre** le jus sucré, puis on le **chauffe** et l'eau se **vaporise**. Il reste un mélange de sirop nommé **mélasse**, et de sucre en petits grains qui est du **sucre brut ou cassonade**.

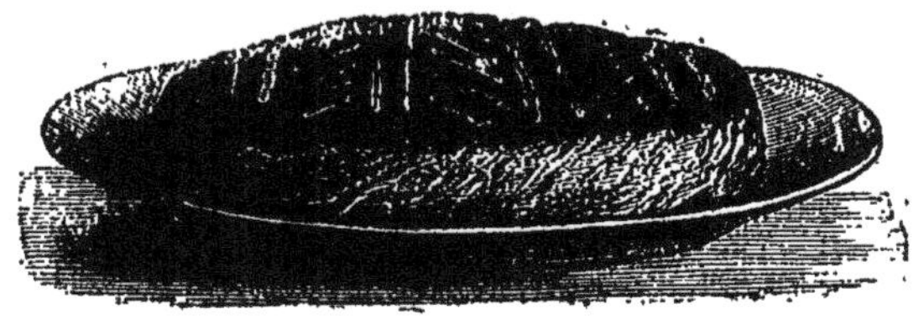

Le gâteau de Louise.

On **purifie** la cassonade au moyen de **noir animal** fabriqué avec des os, et l'on obtient les **pains de sucre cristallisé**, c'est-à-dire formé de grains réguliers à facettes unies et brillantes.

XXXII. — LA GRAPPE ET L'ÉPI.

Pour fabriquer la **bière**, on fait **germer de l'orge** en la mouillant, pendant quelques jours, dans une chambre chauffée. Pendant la germination il se forme un levain ou **ferment** qui change en sucre une petite partie de l'amidon des grains. Si on laissait grandir le germe, tout l'amidon se changerait en sucre. Pour l empêcher, on dessèche les grains, le germe se détache et le sucre reste, ainsi que le ferment.

On broie l'orge séchée, puis on la **brasse**, c'est-à-dire on la remue dans de l'eau chaude. Pendant ce temps l'amidon des grains achève de se changer en sucre qui se dissout dans l'eau.

Cette eau d'orge est trouble, on la **clarifie** en la faisant bouillir. Pour lui donner un goût un peu amer et parfumé on y ajoute des fleurs de **houblon**, plante grimpante qui ressemble à la vigne sauvage.

Quand ce liquide est refroidi, on y met un peu de ferment nommé **levûre**. Alors le sucre se change en **gaz carbonique** qui s'échappe sous forme de petites bulles, et en **alcool** qui reste dans la bière.

Épi d'orge.

L'alcool est un liquide que l'on appelle aussi **esprit**, **eau-de-vie**. C'est lui qui rend excitantes, stimulantes, les boissons dites alcooliques, et qui cause **l'ivresse** quand on en boit avec excès.

Lorsque le **raisin** est bien mûr, on le cueille : c'est la **vendange**. Les **grappes** sont écrasées en les foulant aux pieds dans une cuve ou en les

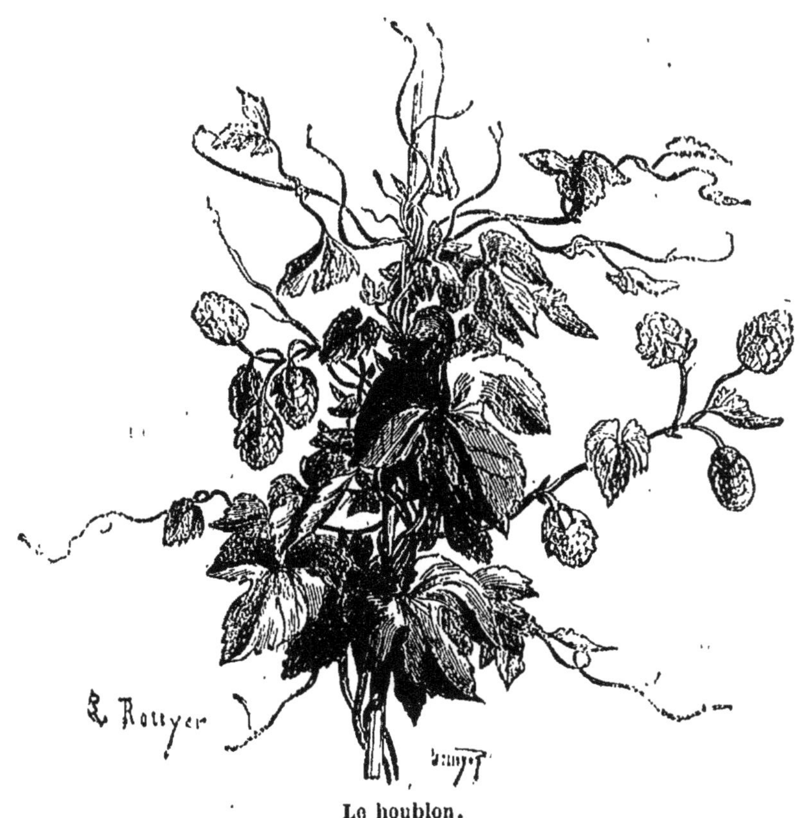

Le houblon.

faisant passer dans des machines très simples. Ensuite on les presse dans un appareil nommé **pressoir**, et l'on verse dans des cuves en bois leur jus nommé **moût**.

Le moût est une eau sucrée qui contient une sorte

de gomme, un acide, du **tannin** et diverses autres substances, y compris un **ferment.**

Sous l'influence de ce ferment, le sucre du jus de raisin se change en **gaz carbonique** et en **alcool.**

Pressoir avec appareil à écraser le raisin.

Lorsque la fermentation est achevée, le moût change de nom, c'est du **vin.**

Le vin et la bière sont les **boissons alcooli-ques** les plus usitées dans les pays les plus civilisés.

XXXIII. — A TABLE !

On mange pour **grandir**, pour ne pas se **refroidir** et pour **réparer** l'usure du corps.

Il y a deux grandes classes d'aliments : ceux qui chauffent et ceux qui **réparent**.

L'amidon, la **fécule**, le **sucre**, l'**huile**, le **beurre**, la **graisse**, sont des aliments qui chauffent. La viande maigre, le blanc d'œuf, le fromage sans crème, sont des aliments qui réparent.

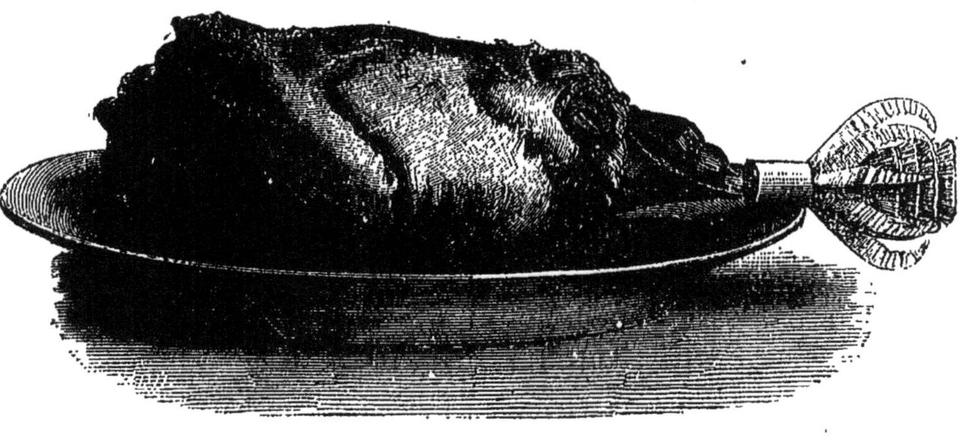

Gigot de mouton.

Dans la **farine de blé**, il y a un aliment qui chauffe : l'amidon, un aliment qui **répare** : le gluten.

Le lait contient deux aliments qui **chauffent** :

du **sucre** et de la **crème**, et un aliment qui
répare : le **fromage.**

Le pain, le lait peuvent, à la rigueur, suffire à
notre nourriture parce qu'ils contiennent, en proportion convenable, les matières qui servent à chauffer et à réparer.

Côtelottes de porc.

Parmi les **légumes**, il y en a qui contiennent
de l'amidon et une sorte de viande végétale de la
même famille que le gluten. Ce sont les haricots,
les pois, les lentilles, les fèves, etc.

On désigne sous le nom de **viande de boucherie** la **chair** du bœuf, du veau et du mouton.

Dans les villes, le **porc** est débité par les **char-
cutiers** sous forme de **viande fraîche** ou
salée, ou à l'état de **pâtés**, **boudins**, **sau-
cisses**, etc.

On désigne sous le nom de **volaille**, les oiseaux
domestiques : **poulets**, **dindons**, **oies**, **ca-
nards** ; tandis que l'on appelle **gibier** les ani-

maux sauvages que l'on tue pour les manger, comme le lièvre, le lapin de garenne, la caille, la perdrix.

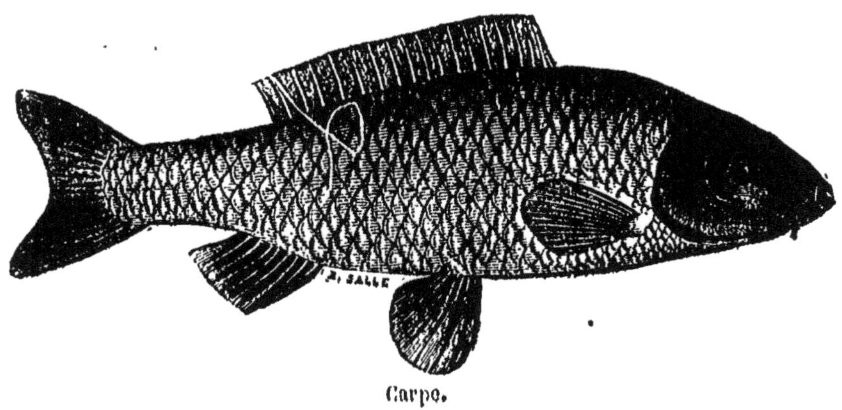

Carpe.

La chair des **poissons** tels que la **carpe**, l'anguille, la **morue**, diffère surtout par sa couleur de la viande de boucherie ; cependant elle est un peu moins nourrissante.

Un très sage proverbe dit : « Nous devons manger pour vivre, et non vivre pour manger. »

XXXIV. — MONSIEUR POLICHINELLE.

Maman, dit un jour le petit Arthur, M. Polichinelle est fait à peu près comme moi, sauf ses bosses, son menton et son nez, pourquoi ne remue-t-il que quand je tire les ficelles ? Je voudrais savoir ce qu'il y a dedans. On devrait faire des polichinelles qui parlent et qui remuent tout seuls.

Mon chéri, lui répondit sa maman, si tu veux, je vais t'apprendre pourquoi M. Polichinelle ne parle ni ne remue. Pour cela, je vais t'expliquer comment tu **parles**, tu **remues**, tu **vis**. Quand tu comprendras

Les inséparables.

cela, tu n'auras plus envie d'ouvrir M. Polichinelle pour voir ce qu'il y a dedans.

Je vais vous répéter, à peu près, ce que lui dit sa maman.

Vous savez que les animaux sont faits de chair et d'os. Les **os** forment la **charpente**, ou, comme l'on dit, le **squelette** du corps.

Tout autour des os se trouvent des masses plus ou moins grosses de **chair**. Le tout est recouvert par *la* peau.

Le squelette est composé d'un grand nombre de

pièces reliées et assujetties par des attaches très solides.

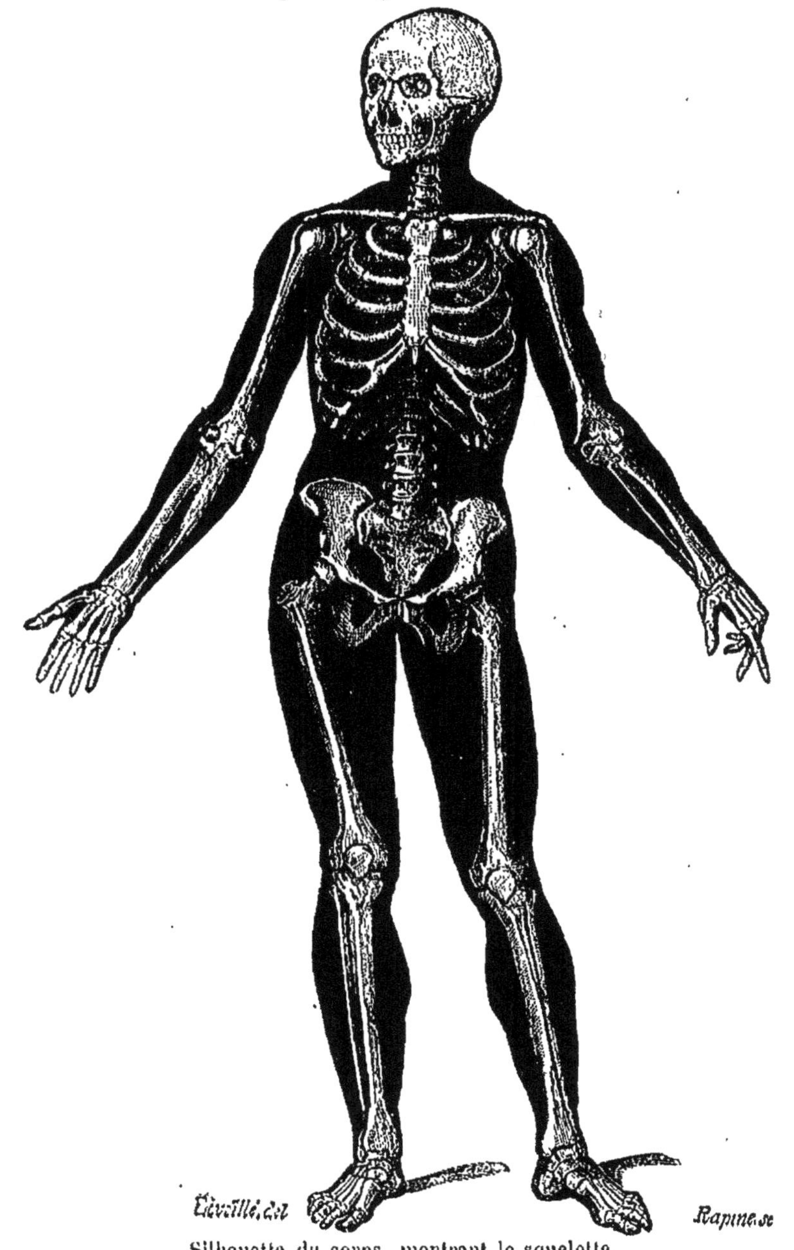

Silhouette du corps, montrant le squelette.

Vous êtes trop grands pour que je vous dise : nous

avons une tête avec deux yeux, deux oreilles, un nez, une bouche, deux bras terminés par des mains, deux jambes terminées par des pieds, etc.

Quant à la partie principale du corps, celle que l'on appelle le **tronc** pour la distinguer des **membres**, elle est partagée en deux par une membrane qui sépare la **poitrine** du ventre ou **abdomen**. Dans la cavité supérieure sont logés les **poumons** et le **cœur**. Dans la cavité inférieure

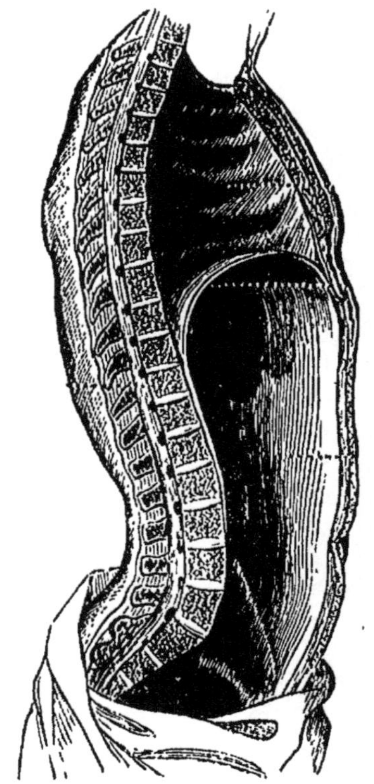

Cavités de la poitrine et de l'abdomen.

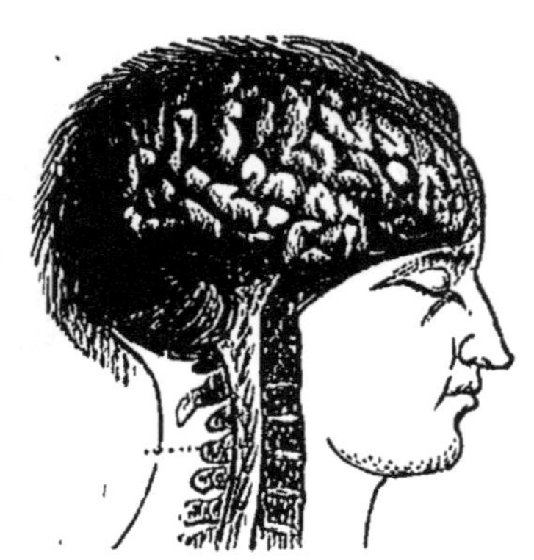

Le cerveau.

se trouvent le **foie**, l'**estomac**, les **intestins**. Toutes ces parties sont des instruments indispensables à notre vie; des **organes** du corps.

Dans la tête se trouve la **cervelle** ou **cerveau**, qui est une masse de **substance nerveuse**. Il y en a aussi une masse considérable logée dans le canal osseux du dos que l'on appelle **épine dorsale**.

De ces grandes masses nerveuses partent une foule de fils blancs, mous, flexibles qui pénètrent dans les muscles et dans les organes : ce sont ces fils que l'on appelle **nerfs**.

La pensée se forme dans le cerveau et les nerfs

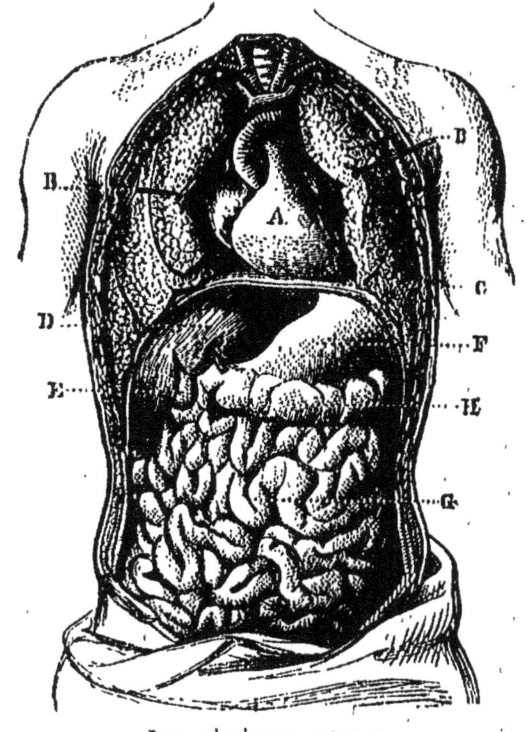

Les principaux organes.

A, cœur. — BB, poumons écartés pour laisser voir le cœur. — C, diaphragme. — D, foie. — E, vésicule biliaire. — F, estomac. — GH, intestins.

transmettent partout ses ordres comme par des fils de télégraphe.

Tout notre corps est sillonné par une multitude de petits **tubes** dans lesquels circule le **sang**. La moitié de ces tubes contient du sang d'un beau rouge, on les nomme **artères** ; l'autre moitié contient du sang noirâtre, on les nomme **veines**.

Les veines et les artères dans lesquelles circule le sang ont pour point de départ le **cœur**.

Quand il se **rétrécit**, il chasse le sang dans les artères : quand il se **gonfle**, il **aspire** le sang des veines. De cette manière, le sang parcourt continuellement une double route. Du cœur, il se rend jusqu'aux extrémités des membres par les artères ; puis il revient au cœur par les veines.

Ce mouvement continu, cette **circulation** du sang sous l'impulsion du cœur, le renouvellement constant d'**oxygène** qu'il amène tout le long de son parcours pour entretenir la **combustion** qui nous échauffe, voilà ce qui constitue la **vie**.

En passant dans les poumons, le sang se charge d'oxygène pour le répartir dans tout le corps, afin de contribuer, avec les aliments, à entretenir notre vie.

L'estomac et les intestins **digèrent** la nourriture en la mêlant à la **bile** fournie par le foie et à d'autres liquides. Quand les aliments sont digérés, c'est-à-dire changés en une bouillie très claire, le sang **absorbe** la partie liquide de cette bouillie. Ce sont des matériaux qu'il emporte, pour les déposer parcelle par parcelle dans tout le corps, afin de **réparer** son usure, et qu'il **brûle** avec son oxygène pour entretenir notre chaleur.

XXXV. — LES OUTILS DE L'ÉCOLIER.

Un petit garçon de huit ans, assis auprès de sa sœur, s'ennuyait et aurait voulu jouer un peu.

« Grande sœur, lui dit-il, pourquoi lis-tu encore

La grande sœur.

tous les jours puisque tu ne vas plus à l'école ? »

Mon mignon, répondit la jeune fille, c'est pour ne pas **oublier** ce que j'ai appris et pour apprendre encore autre chose.

Je lis l'histoire de l'**encre**, de la **plume** et du **papier**, c'est très amusant, si tu veux je vais te les raconter.

Les **plumes** dont on se sert pour écrire se font avec une sorte de fer que l'on appelle **acier**. On découpe la plume dans une **bande** mince de métal, puis on lui donne sa forme bombée en la pressant dans un moule. La plume est ensuite chauffée et refroidie subitement pour la rendre élastique. Il ne reste plus qu'à fendre la pointe et à lui donner une jolie apparence.

L'encre noire se prépare en mêlant une solution de **couperose verte** à une décoction de **noix de galle** additionnée d'un peu de **gomme**.

Le papier se fait avec de vieux **chiffons**. Dans la fabrique les chiffons sont triés, découpés, lavés, nettoyés à fond et rendus blancs comme neige. Alors on les **broie** au moyen d'une machine qui les réduit en **pâte** molle. C'est avec cette pâte que l'on fait le papier, soit à la main, soit à la machine.

Pour faire du **papier à la main**, l'ouvrier prend un **tamis** qui a la forme d'une feuille de papier. Il y verse un peu de pâte de chiffons et l'étale en couche uniforme. L'eau s'écoule. Il reste sur le tamis une couche mince de pâte égouttée. Il la renverse sur un morceau de feutre et place un autre feutre par-dessus.

Quand l'ouvrier a formé une pile de feutres et de couches de pâte il **presse** le tout. Le feutre absorbe l'eau qui restait dans la pâte et celle-ci, devenue mince et dure, peut déjà se manier facilement. On presse de nouveau ces feuilles de papier pour les rendre **lisses** et on les sèche.

Fabrication du papier.

La fabrication du papier à la main est lente et coûteuse. Aussi l'on a inventé une machine qui fait tout le travail.

La machine reçoit la pâte sur une toile qui glisse sur des rouleaux, le presse, le sèche et l'enroule comme une pièce d'étoffe.

Les vieux chiffons ne suffisant pas pour fabriquer le papier dont on a besoin, on a trouvé moyen d'en faire avec toutes sortes de **fibres** végétales : bois, herbes, feuilles, paille, etc.

Un proverbe dit : « A l'outil on reconnaît l'ouvrier. » Les **livres**, les **cahiers**, les **plumes** sont les **outils** des enfants à l'école. Il faut qu'ils les soignent pour être classés, à première vue, parmi les **bons écoliers**.

FIN.

TABLE DES CHAPITRES

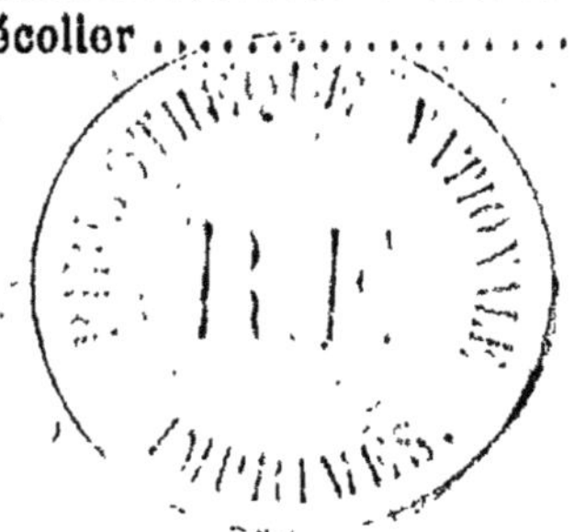

FIN DE LA TABLE.

5355-82. — CORBEIL. TYP. ET STÉR. CRÉTÉ.

9 782016 169384